이지유의
이 EASY
SCIENCE 지
사이언스

01
지구

01
지구

빗방울은 뾰족 머리가 아니다

이지유의
이 EASY SCIENCE 지
사이언스

글·그림 **이지유**

창비

과학을 가지고 놀자!

2016년 12월 31일 오후 2시, 나는 무주 산골짜기에서 스키를 타다 넘어졌다. 그 결과 오른쪽 손목 부근 경골이 부러졌는데, 골다공증의 가능성이 큰 나이인 것을 감안한다면 그리 놀랄 일은 아니다. 완벽한 오른손잡이였던 나는 정말이지 아무 일도 할 수 없었지만 잠시도 가만히 있질 못하는 성격이라 팬이 보내준 펜을 꺼내 왼손으로 그림을 그렸다.

마침 2017년이 닭의 해였기에 닭을 그리려 애는 썼으나 부리와 벼슬 뭐 하나 제대로 표현할 수 없었다. 그럴듯하게 보이려고 꼼수로 닭의 꼬리를 무지개색으로 그렸지만, 사실 '그렸다'기보다는 '그었다'는 편이 옳겠다. 그 그림을 SNS에 올렸다.

놀라운 일은 그다음에 벌어졌다. 정말 신기하게도 친구들은 닭을 알아보았다. 그들의 뇌는 자기 뇌 속 빅 데이터를 분석해 내가 닭을 표

◇◇

현하려고 애를 썼다는 사실을 정확하게 맞힌 것이다. 게다가 "닭 꼬리를 무지개색으로 표현하다니 창의적이야!" "그림의 느낌이 좋다." 등 내가 의도하지 않은 예술성까지 발견해 준 것은 물론이고 "네가 그동안 그린 어떤 그림보다 낫다."라는 다소 인정하기 힘든 평까지 올렸다. 나 원 참!

아무튼 재미난 놀잇감이 생겼다. '왼손 그림'은 어떤 대상에 대한 최소한의 정보와 SNS 친구들의 뇌 사이에 벌어지는 흥미로운 게임이었다. 과학 논픽션 작가인 내가 품고 있는 숙제 가운데 하나는, 독자들이 과학을 좀 우습게 보도록 만드는 것이다. 내 왼손과 독자들의 뇌를 잘 이용하면 이와 같은 일을 할 수 있을 것 같았다.

나는 아침마다 시간과 공을 들여 국내외 과학계의 동향을 살피고 지식과 정보를 업데이트하며 거기에 언급된 논문을 읽는 것은 물론이고 필요하다면 기초적인 공부도 다시 한다. 아침 공부 시간에 딱 떠오르는 무엇인가를 왼손으로 그리고 그 아래에 유머를 담은 글을 한 줄 보태면 어디에도 없는 훌륭한 '과학 왼손 그림'이 되지 않을까? 그래서 날마다 왼손 그림을 그려 SNS 친구들과 공유했다. 인기는 폭발적이었고 처음 그린 50여 점의 그림을 묶어서 『펭귄도 사실은 롱다리다!』(웃는돌고래 2017)라는 책으로 만들었다. 이 책이 자신이 끝까지 읽은 첫 과학책이라는 중학생의 팬레터를 심심치 않게 받는다.

'이지유의 이지 사이언스' 시리즈가 추구하는 목적은 간단하다. 청소년이나 성인들에게 '과학 지식과 과학 방법은 넘어야 할 산이 아니라 그냥 가지고 놀 수 있는 대상'이라는 점을 알아채도록 만드는 것이다. 지구에서 달까지의 거리가 38만 킬로미터라는 사실을 과학 지식으로 알고 있는 사람은 그것을 재는 과학 기술과 그로부터 달까지의 거리를 유추하는 과학적인 방법에 대해 모른다 할지라도, 38만 킬로미터라는 지식으로부터 다양한 생각과 상상을 이끌어 낼 수 있다. 이 시리즈와 함께 과학 지식을 바탕으로 다양한 생각의 가지를 뻗어 나가길 바란다.

자, 그럼 왼손 그림과 게임을 시작해 보자!

2020년 3월

이지유

지구는 46억 년 전 태양과 함께 이 우주에 태어났다. 물론 수성, 금성과 같은 행성과 수많은 소행성, 혜성 들도 다 같이 태어났다. 태양계가 생겨나고 보니 화성이나 지구 정도에 생명체가 생겨나기에 매우 좋은 환경이 조성되어 있었다. 아무도 의도하지 않았겠지만 지구에는 38억 년 전 최초의 세포가 탄생했고 그 세포가 진화해 다양한 생물을 만들어 냈는데, 그 가운데 하나가 인간이다.

인간을 포함해 현재 지구상에 살고 있는 수많은 생명체는 38억 년 동안 무수히 거듭된 우연의 결과다. 인간은 호기심이 많고 높은 지능을 지닌 존재로 지구 환경에 큰 영향을 주고 있다. 그 영향은 좋은 것도 있으나 좋지 않은 것도 많은데, 이는 인간의 무지에서 비롯된 것이 대부분이다. 알고 보면 인간은 이 세상에 대해 아는 것이 거의 없다. 안다고 여기는 것조차 실상은 제대로 알지 못하는 게 태반이고, 아마 영원히 알 수 없는 부분도 있을 것이다. 그렇다 하더라도 인간은 선한 의지를 가지고 이 세상에 대해 이해하려고 노력해야 한다. 그래야만 지구상의 다양한 생물과 함께 오래도록 살아갈 수 있다.

3장 지구 생명체의 구애와 번식

4장 지구인은 누구인가?

5장 인간적이라는 것

6장 과학적이라는 것

1장

지구로
가 보자!

지구인은 참으로 놀라운 일을 많이 해냈다. 새나 박쥐처럼 날 수 있는 신체 구조가 아님에도 하늘을 날고 고래나 상어처럼 물속에서 오래 버틸 능력이 없음에도 깊은 바닷속을 잘도 돌아다닌다. 게다가 우리가 아는 한 태양계에서 행성을 벗어나 본 경험이 있는 지적인 생명체는 지구인이 유일하다.

하지만 이제 곧 인구 100억 명에 육박할 지구인들이 평균적으로 가지고 있는 지구와 지구 생명체에 대한 지식의 양은 정말이지 혀를 내두를 정도로 빈약하다. 뭐, 아니라고? 그렇게 말하면 기분이 나쁘다고? 그렇다면 책장을 넘기고 지구의 특이한 자연환경과 그곳에 적응해 살아가는 다양한 생물에 대한 안내서를 읽어 보자. 만약 여기 있는 사실을 모두 다 알고 있었거나 여기에 제시한 아이디어를 이미 생각해 본 적이 있다면 당신은 최고의 지적 생명체!

화산은 분화구의 지름과 깊이에 따라
높이가 다른 초저주파 음을 낸다.
지구는 24시간 합창을 하고 있는
것이다. 불행하게도 인간은 그것을
못 듣기 때문에 궁여지책으로
각종 악단을 만들었다.

화산의 초저주파음

1
24시간 합주하는 화산

◇◇◇◇◇◇◇◇◇◇◇◇◇◇◇◇◇◇◇◇◇◇◇

화산은 매우 큰 트롬본이다. 트롬본은 인간들이 연주하는 금관 악기로, U자 모양 관을 앞뒤로 밀고 당기며 높은 소리와 낮은 소리를 만든다. 화산도 이런 원리로 소리를 낸다. 화산의 중심에는 땅속 마그마가 솟아 나오는 긴 관이 있다. 마그마는 가만히 있는 것이 아니라 압력에 따라 위아래로 움직인다. 이 과정에서 공기가 관을 드나들고 실제로 소리가 난다. 분화구는 트롬본을 부는 화산의 거대한 입인 셈이다.

지구상에는 수천 개에 이르는 화산이 있고, 이들은 잠시도 쉬지 않고 소리를 낸다. 수천 명이 모인 관악대를 본 적이 있는가? 지구가 바로 그런 관악대이다. 그러나 안타깝게도 화산이 내는 소리는 저주파라 인간이 들을 수 없다. 어쩌면 인간이 화산의 연주를 들을 수 없는 것은 행운인지도 모른다. 화산이 화성학을 공부했다는 증거는 없으므로 이들의 합주는 불협화음이 분명할 테니 말이다.

Anthophora squammulosa

Melanthera
nivea

니카라과 마사야 화산에는
산성비에도 끄떡없는 벌이
산성비에도 끄떡없는 꽃꿀을 빨며
화산재로 집을 짓고 산다.

마사야 화산의 벌

2
화산에서 살아남기

◇◇◇◇◇◇◇◇◇◇◇◇◇◇◇◇◇◇◇◇◇

화산이 폭발하면 뜨거운 용암보다도 실은 화산재와 가스가 더 큰일이다. 이들은 공기 중에 떠서 햇빛을 가리고 비에 녹아 산성비를 만든다. 산성비는 토양을 산성화해 식물이 자라지 못하게 하고, 식물이 없으면 동물도 오지 않는다. 결국 모두가 떠나는 것이다.

그러나 지구 생물의 적응력은 매우 놀라워 산성비로 젖은 땅에 뿌리를 내리고 꽃을 피우며 열매를 맺는 식물이 생겨났다. 이렇게 식물이 자리를 잡으면 가장 먼저 쫓아오는 것은 꽃가루를 옮겨 줄 곤충이다. 이런 일이라면 이 지구상에 벌을 따라올 자가 없다. 그러나 벌처럼 연약한 곤충이 화산에서 살 수 있을까? 놀랍게도 그런 벌이 있다. 중앙아메리카에 위치한 니카라과 공화국의 마사야 화산에 사는 벌들은 화산의 분화로 분출되는 화산 쇄설물을 재료로 집을 짓는다. 그것도 땅바닥에. 물론 이곳에는 벌집을 지을 큰 나무가 없고 벌집을 무너뜨릴 큰 동물이 살지 않으며, 큰 동물이 있다 하더라도 산성비를 이기는 벌집을 파헤칠 용기는 없을 것이므로 벌은 태평하게 잘 살 수 있다.

밤이 오면
달팽이가
노래를 부른다.

무지개 달팽이

화산섬 달팽이의 흥망성쇠

태평양 한가운데에 불쑥 솟아오른 화산섬 하와이에 씨를 뿌린 이는 다름 아닌 새다. 용암이 굳어 생긴 땅에 도착한 새들은 오자마자 똥을 쌌다. 똥 속에는 씨앗이 있었는데, 이 씨앗이 굳은 용암의 틈을 비집고 싹을 틔웠다. 새들은 동물의 알도 묻혀 왔다. 달팽이 알도 그 가운데 하나였다. 달팽이들이 깨어나 보니 이곳에는 천적이 없었다. 하와이는 달팽이 왕국이 되었다. 달팽이들은 하와이의 모든 계곡을 점령해 나갔고 750여 종의 서로 다른 무지개 달팽이로 진화해 갔다. 놀랍게도 이들은 소리를 냈다. 한참 후 이 섬을 찾아온 인간들은 이들에게 반할 수밖에 없었다. 노래하는 달팽이라니, 얼마나 신기한가?

그런데 인간들과 함께 온 외래 달팽이들이 무지개 달팽이를 잡아먹기 시작했다. 인간들은 무지개 달팽이를 지키기 위해 외래 달팽이를 잡아먹을 늑대 달팽이를 데려왔다. 아, 그런데 이를 어쩌나. 늑대 달팽이는 무지개 달팽이를 먹이로 삼았다. 무지개 달팽이는 급속도로 수가 줄어 멸종 위기종이 되었으며 그 가운데 한 종인 아카티넬라아펙스풀바의 마지막 한 마리가 2019년 1월 1일 하와이의 연구소 사육장에서 숨을 거둔 채 발견되었다. 이미 하와이에선 달팽이의 노래를 들을 수 없다. 그들이 어떻게 노래를 불렀는지는 영원한 미스터리!

사막의 선인장은
달밤에 꽃을 피운다.

선인장의 꽃

4
의외의 친분, 박쥐와 선인장

비와 눈 등 내린 물의 총량인 강수량이 한 해 평균 250밀리미터 이하인 곳을 사막이라고 한다. 당연히 이런 곳에서는 생명체가 살기 어렵다. 선인장은 사막에서 살아남기 위해 다양한 전략을 세운다. 몸통을 통통하게 불려 물을 많이 품고, 잎은 되도록 작게 만들어 기공에서 빠져나가는 수증기를 줄인다. 나아가 잎을 가시로 만들어 동물이 자신을 먹지 못하게 지키는 무기로 쓰기도 한다. 선인장의 가장 큰 고민은 자손을 남기는 일이다. 다음 세대를 이을 씨를 만들려면 꽃을 피워야 하는데 한낮 땡볕에 꽃이 피면 말라 죽기 십상이다. 그래서 선인장은 밤에 꽃을 피우기로 결심했다. 그럼 누가 꽃가루를 옮겨 줄까?

멕시코긴코박쥐는 1,000킬로미터 이상을 날아 미국 애리조나 사막에 사는 선인장을 만나러 간다. 선인장은 멕시코에서 오는 박쥐가 도착할 때를 맞춰 꽃을 피운다. 박쥐는 도착하자마자 막 피기 시작한 선인장 꽃의 꿀을 맛있게 빨며 새끼를 낳고 기른다. 새끼가 자라는 동안 선인장은 열매를 맺고 그 열매를 먹은 어미 박쥐와 새끼 박쥐는 다시 고향으로 날아간다. 물론 그들의 소화 기관에는 선인장 씨앗이 들어 있다. 애리조나 사막의 선인장은 멕시코에서 새로운 생을 시작할 것이다.

바비 브라운
노 스머지 마스카라로도
만들수 없는 긴 속눈썹(2중)
↓

낙타는
혀, 입천장에
손톱의 원료로 만든
튼튼한 돌기가 있어
무서운 가시가 돋은
선인장도 잘 먹는다.

낙타의 입천장

5
낙타가 가시를 이기는 법

선인장 이야기가 나와서 말인데, 처음에 선인장이 자신의 몸을 지키기 위해 잎을 가시로 만들었을 때는 효과가 대단했을 것이 틀림없다. 선인장을 먹으려던 동물들은 입과 얼굴을 찌르는 가시의 공격을 피하지 못했을 것이다. 그러나 동물도 바보는 아니다. 눈앞에 물이 풍부하게 든 맛있는 식물이 있는데 그깟 가시 좀 박혀 있다고 물러설 수는 없는 일이다.

마침 낙타 중에는 형제자매보다 입술과 혀, 입천장의 피부가 좀 더 단단한 개체가 있었다. 형제들이 맛난 선인장을 보고만 있거나 그것을 먹다 가시에 찔려 고통받고 있을 때, 이 이상한 낙타는 선인장을 실컷 먹었다. 동물의 세계에서 영양 상태가 좋다는 것은 곧 많은 자손을 본다는 것과 같다. 그녀 또는 그의 자손은 부모를 닮아 입술과 구강 내부가 무척 단단했다. 그런 낙타가 더욱 많아지면서 오늘날 우리가 보는 낙타는 혀와 입천장에 이빨 같은 돌기가 안쪽으로 기울어져 선인장을 먹을 때 가시들이 모두 누워 아무런 역할을 하지 못하게 만드는 능력까지 갖추고 있다. 이야기가 이쯤 되면 또 한 가지가 궁금해진다. 선인장, 너희는 그동안 뭘 한 거냐?

선인장의 진화

선인장이 하는 일

인간들이 몰라서 그러는데, 선인장은 그동안 척박한 땅에서 생물 다양성을 지키는 일에 엄청나게 노력해 왔다. 지구에 대한 상식이 부족하고 상상력이 빈약한 인간들은 선인장 하면 모래사막에서 하는 일 없이 물이나 움켜쥐고, 그 물을 빼앗기지 않으려고 온몸을 가시로 싸고 있는 이기적인 존재를 상상하지만 이 선인장 덕분에 살아남은 생물이 얼마나 많은지 모른다. 그중에는 인간도 포함된다.

남아메리카 안데스 고원 지대인 우유니 소금 사막 한가운데에는 선인장들이 모여 사는 잉카와시섬이 있다. 이곳에 사는 까르동 선인장은 둘레는 1미터가 족히 넘고 키는 5미터 이상 자라는 거대한 것으로 나무가 없는 이 지역에서 지붕을 얹거나 문을 만들거나 담을 세울 때쓴다. 그 근처에 사는 넓적한 모양의 손바닥 선인장에는 붉은색 염료를 생산하는 데 쓰이는 곤충 코치닐이 산다. 사람들은 그 곤충을 채집해 돈을 번다. 어디 그뿐인가? 멕시코 산악 지대에서 자라는 아가베 선인장이 없다면 인간은 증류주 테킬라를 마실 수 없다. 그러니 선인장이 인간의 삶에 무슨 도움이 되느냐는 무식한 말은 하지 않는 것이 좋겠다. 선인장 화난다.

thorn

탱자나무

spine

이지율

줄기가 변형된 것은
thorn

잎이 변형된 것은
spine

표피가 변형된 것은
prickle

우리말로는 모두
가시

prickle

가시의 이름들

다 똑같은 가시가 아니다

사실 우리말도 가시의 종류에 따라 부르는 말을 달리 하고 있다. 모두 한자어라 자주 쓰진 않지만 나뭇가지가 가시로 변한 것을 경침, 잎이 변한 것을 엽침, 껍질이 변한 것을 피침이라고 한다. 눈치 빠른 사람들은 알아챘겠지만 경침이 가장 단단하고 피침이 가장 약해 장미 가시는 장갑 낀 손으로 훑기만 해도 떨어져 나간다. 우리가 식물의 가시를 구분해서 부르지 않는 것은 식물에 대해 관심이 없기 때문이다. 하지만 이름이 있는데 부르지 않는다면 무슨 소용이 있을까? 그러니 앞으로는 이렇게 말하기로 하자.

"어머나, 선인장 엽침에 찔리고 말았어!"

"탱자 경침을 잘라서 고둥 파먹자!"

"장미 피침 조심해!"

동물 숨어 있음

2%의 땅을 차지하고 있는
열대 우림에는
50%의 생물종이 산다.

열대 우림의 삶

인간이 없다는 게 장점

◇◇◇◇◇◇◇◇◇◇◇◇◇◇◇◇◇◇◇◇◇◇◇◇◇◇◇◇◇◇

1년 동안의 강수량이 2,000밀리미터가 넘으며 빽빽한 숲을 이루고 있는 곳을 열대 우림이라 부른다. 대부분 적도를 끼고 있어 덥고 습하며, 인간이 아직 만나 본 적이 없는 동식물이 엄청나게 많이 살고 있다. 열대 우림은 지구의 생물 다양성에 매우 큰 공헌을 한다. 같은 면적에 얼마나 다양한 생물이 살고 있는지 따지면 1위는 단연 열대 우림이다. 현대인은 덥고 습하며 모기와 뱀이 있는 열대 우림에서 사는 것을 그다지 선호하지 않기 때문에 열대 우림에 대해 잘 모른다.

열대 우림 근처에 가 본 사람이라면 왜 인간이 열대 우림에 대해 샅샅이 알 수 없는지 짐작할 수 있다. 하루만 지나도 사라지는 길, 비가 조금이라도 오면 늪으로 변하는 땅, 어마어마한 수의 모기와 개미, 어떤 인간도 이런 곳에서 살기를 원하지는 않을 것이다. 그러나 인간이 살기 힘들다는 것은 다른 생물에게는 희소식이 될 수 있다. 적어도 미지의 생물이 인간에게 돈을 벌어 준다는 사실이 알려지기 전까지 그 생물은 안전하게 살 수 있으니.

아마존 열대 우림 Rainforest의
나무들은 스스로 비 Rain 를 만든다.

열대 우림의 비

9
비를 부르는 재주

아마존쯤 되는 열대 우림이라면 비를 부르는 굉장한 일을 할 수 있다. 이 일이 얼마나 대단한 것인지 짐작이 가지 않는 지구인들을 위해 부연 설명을 하자면, 비가 내리려면 우선 수증기가 있어야 하고 그 수증기가 아주 작은 물방울로 응축되어 모여 비구름을 만들어야 하며 이 비구름이 인간이 원하는 바로 그곳까지 계절풍이라는 거대한 바람을 타고 와야 한다. 설명을 찬찬히 읽은 지구인은 이해하겠지만 여기에 인간이 개입해서 무언가를 바꾸어 놓을 수 있는 구석은 조금도 없다.

그런데 열대 우림은 한다. 아마존은 나무와 식물이 내뿜은 수증기로 항상 자욱하다. 의심이 많은 사람은 물을 것이다. 그 수증기가 나무들이 뿜어낸 것인지, 대서양에서 불어 온 것인지 어떻게 구분하느냐고! 물론 구분할 수 있다. 바다에서 만들어진 수증기에는 중수소가 거의 포함되어 있지 않다. 수소보다 무거운 중수소는 바다에 남겨 두고, 가벼운 수소로 만든 수증기가 증발되어 구름을 만들기 때문이다. 반면 아마존의 나무들이 뿜어내는 수증기에는 중수소가 포함되어 있다. 그래서 이들이 만들어 낸 수증기는 더 무겁다. 아마존 우림은 대서양에서 가벼운 물방울이 오기 전에 무거운 물방울을 만들어 스스로 비를 뿌린다.

1mm

2mm

4mm

떨어지는 빗방울은
모양이 아니다!

빗방울은 뾰족 머리가 아니다

보통 인간들이 물방울을 그릴 때는 위가 뾰족하고 아래가 둥근 모양으로 그린다. 둥근 부분을 아래로 그리면 중력에 따라 물방울이 아래로 향하는 것처럼 보여 매우 안정적인 느낌을 주기 때문에 비가 온다는 것을 표시할 때 이런 모양을 많이 그린다.

그러나 실제로 물방울이 떨어지는 것을 고성능 카메라로 촬영해 보면 우리의 상식과는 전혀 다른 모습이 보인다. 큰 물방울은 떨어지면서 아랫부분에 공기의 저항을 받기 때문에 밑이 평평해지다가 움푹 들어가 쪼개지고 만다. 쪼개진 물방울이 여전히 크면 떨어지면서 또 쪼개진다. 결국 땅에 내려올 때쯤이면 공기의 저항에 관계없이 자유 낙하할 정도로 작은 크기가 되어 동그란 모양으로 떨어진다. 그러나 이런 사실에 상관없이 인간들은 늘 위가 뾰족한 물방울을 그린다.

배변
촉진액

화장실 변기처럼 생긴 네펜데스로위의
뚜껑에는 배설을 촉진하는 간식이 있어
그걸 먹은 새나 설치류가 그 자리에서
똥물 싸는데 네펜데스는 그 똥에서
질소와 미네랄을 얻는다.

네펜데스로위의 사냥법

11
순환의 정석
◇◇◇◇◇◇◇◇◇◇◇◇◇◇◇◇◇

열대 우림에 사는 식물 중에는 아주 적극적으로 사냥을 하는 식충 식물이 있다. 네펜데스는 긴 호박을 닮은 식충 식물로 위에 뚜껑이 달린 통 모양이다. 통 속에는 시큼하고 달콤한 냄새가 나는 소화액이 들어 있어서 열대 우림에 사는 원주민들은 뚜껑이 열리지 않은 어린 네펜데스를 따서 입구를 잘라 내고 그 속에 든 액체를 소화제로 마시기도 한다. 네펜데스가 다 자라면 굳게 닫혀 있던 뚜껑이 열린다. 그런데 다 자라서 저절로 뚜껑이 열린 네펜데스의 소화액은 마시지 않는 것이 좋다. 그 속에 뭐가 녹고 있는 중인지 아무도 모르니까.

특히 네펜데스 중에는 작은 쥐가 싼 똥을 받아 녹인 뒤 흡수하는 종이 있다. 네펜데스로위 같은 경우 입구 크기가 쥐의 엉덩이 크기와 딱 맞아 쥐가 빠지는 일이 절대 없다. 이거야말로 수세식 변기의 원형 아닌가! 인간은 똥을 먹지 않지만 동물 세계에서 자신의 똥이나 남의 똥을 먹는 일은 흔히 일어난다. 특히 초식 동물의 똥에는 식이 섬유가 풍부하고 초식 동물의 위에 머무르는 동안 발효가 일어나 몸에 좋은 유산균도 포함되어 있다. 더군다나 적당히 삭은 상태이기 때문에 소화도 잘된다. 그래서 사자도 가끔 코끼리 똥을 먹는다. 이쯤 되면 식량의 이용 효율이 거의 100퍼센트에 가깝다. 완벽한 재활용이다.

고생대와 중생대의 물고기 몸속에
있던 인은 사하라의 모래가 되어
커리비언 바다를 바람과 함께
건넌 뒤, 오랜만에 아마존에 사는
식물의 DNA가 된다.

사하라 사막과 아마존

바람을 타고 일어나는 일

아프리카 북부에서 중부에 걸친 넓은 면적의 사하라 사막은 모래밭이 끝없이 펼쳐지는 전형적인 모래사막이다. 인간들은 이렇게 넓은 땅이 모래로 이루어져 있는 것을 못내 섭섭해하는 눈치지만 이제부터 하는 이야기를 들으면 사하라 사막이 얼마나 중요한 일을 하는지 알 수 있을 것이다. 사하라 사막도 예전에는 초목이 우거진 살기 좋은 땅이었다. 이곳에는 상당히 오랫동안 공룡을 비롯한 각종 동물이 살았다. 그러나 아프리카 대륙의 위치가 바뀌고 기후가 변하면서 동물은 다른 곳으로 떠나거나 죽었다. 오래전 죽은 동물의 몸은 썩고 뼈는 화석이 되거나 분자 원자 단위로 분해되어 사하라에 남았다.

여기서 중요한 건 이 물질들이 바람을 타고 아마존으로 간다는 것이다. 인공위성이 찍은 사진에는 거대한 황사가 사하라에서 아마존으로 옮아가는 모습이 그대로 찍혔다. 이 황사에는 생명체의 유전자 구성에 꼭 필요한 인이 많이 포함되어 있다. 인은 비료에도 들어 있는 성분이다. 그렇다. 이 황사는 아마존의 숲에 뿌려지는 비료인 것이다. 과학자들은 복잡한 계산을 통해 1년 동안 사하라에서 옮겨지는 인의 양이 아마존에서 비로 씻겨 나가는 인의 양과 정확히 같다는 사실을 알아냈다. 지구의 빅 픽처가 정말 놀랍지 않은가!

밤에는 위로 낮에는 아래로
작은 크릴이 거대한 바다를 휘젓는다.

작은 크릴새우가 하는 일

13
바다를 휘젓는 손

바닷속 열 균형을 맞추는 일은 생각보다 어렵다. 왜 그런가 생각해 보자. 물질에는 더운 것은 위로 올라가고 차가운 것은 아래로 가라앉는 성질이 있다. 그래서 바닥에서 열을 주면 액체나 기체가 데워져 위로 오르고 위에 있던 비교적 차가운 액체나 기체가 그 빈자리를 채우러 내려오는데 이런 현상을 대류라고 한다. 바다의 문제는 열을 주는 주체가 위에 있는 태양이라는 점이다. 표면이 따뜻하고 아래가 차가워 대류의 관점에서 보면 이미 안정적인 상태에 놓여 있는 것이다. 이를 그대로 두면 바닷속 열 차이가 더욱 심화되기 때문에 더 강한 태풍이 생긴다. 그래서 지구는 열 차이를 줄이기 위해 다양한 방법을 끌어들이는데, 그 가운데 하나가 크릴새우다.

크릴새우 한 마리는 매우 작아서 바다에 큰 영향을 주지 않지만 이것들이 수십, 수백억 마리 모여서 큰 덩어리를 형성한 채 위아래로 헤엄쳐 다니면 엄청나게 큰 손이 된다. 물을 휘저어 온도 차이를 줄이는 것이다. 그동안 크릴새우는 거대한 바다 생물의 먹이가 되어 바다의 생태계를 밑받침하는 중요한 역할을 한다는 점에 대해서는 찬양을 받아 왔지만, 바다의 온도를 맞추는 데까지 기여하고 있다는 사실은 잘 알려지지 않았다. 이제 그러한 사실을 알았으니 우리 모두 고마운 마음을 두 배로 가지는 것이 좋겠다.

2장

지구의
사계절

지구는 자전축이 23.5도 기울어져 어느 지역에나 사계절이 생긴다. 극지방과 적도 지방은 햇빛이 너무 약하거나 너무 강해서 사계절이 뚜렷하지 않을 뿐 분명히 있다. 인간을 포함해 지구에 사는 생물은 사계절 덕에 자연에 적응하는 방법을 더욱 다채롭게 익혀 왔다. 지구가 뻣뻣하게 서서 자전을 하거나 천왕성처럼 거의 누운 상태에서 자전했다면 지구 생물은 전혀 다른 양상으로 진화했을지도 모른다. 자, 그럼 지구의 사계절을 한번 느껴 보자!

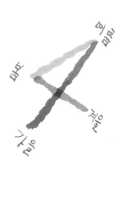

봄 바 람 이

분 다.

일기도의 기호

봄바람이 부는 방향은?

날씨를 표시하는 일기도에는 몇 가지 규칙이 있다. 비, 안개, 눈, 진눈깨비, 뇌우, 가랑비 등을 표시하는 기호가 있고 한랭 전선은 긴 줄에 세모를, 온난 전선은 세모 대신 반원을 목걸이처럼 그린다. 단일 기호로 가장 많은 정보를 포함하는 것은 바람을 나타내는 화살표다.

화살표를 가만히 보면 한쪽에는 동그라미가, 반대쪽에는 깃털에 해당하는 줄이 있다. 화살이 날아가는 방향이 바람이 불어오는 방향이다. 동그라미는 구름의 양을 나타내는데, ○ 기호는 구름이 없다는 뜻이고 ◑ 기호는 구름이 하늘 전체 면적의 1/8가량, ◕ 기호는 1/4가량 있다는 뜻이다. 꼬리 부분에는 풍속을 표시하는데, 짧은 것은 초속 2미터, 긴 것은 초속 5미터를 나타낸다. 이 화살표는 일기뿐 아니라 우리 삶의 많은 부분을 표시할 수 있다. 당신의 마음은 어디로 향하는지, 그것을 원하는 정도는 어느 강도인지를 표시할 수 있는 것이다. 자, 당장 실시!

이것은 한 송이가 아니라
200개 묶음 한 다발이다.

민들레 한 다발

민들레는 기본이 200

봄의 상징 민들레! 민들레는 지구 적응에 확실히 성공한 생명체다. 지구상 곳곳에 민들레가 없는 곳이 없어 웬만한 언어권에는 민들레를 부르는 말이 예전부터 있었다. 민들레는 뿌리가 매우 튼튼하고 깊어 현대인이 제조한 제초제 따위는 전혀 두려워하지 않음은 물론, 민들레 뿌리를 무 썰듯이 썰어 흙이 있는 곳에 뿌리면 저마다 각기 독립된 민들레로 자란다. 물론 그 하나하나는 다시 무처럼 길고 튼튼한 뿌리를 내린다. 민들레가 보기 싫다고 밭에 제초제를 뿌리면 뿌리가 얕은 풀꽃만 모두 죽을 뿐 민들레는 죽지 않는다. 결국 다른 식물이 없어진 밭에는 민들레가 더욱 세력을 뻗친다. 정말 대단한 식물 아닌가!

이뿐 아니다. 우리가 꽃이라고 부르는 부분은 사실 200여 개의 꽃이 다발로 뭉쳐 있는 것으로 민들레 한 송이는 한 송이가 아니라 이백 송이인 셈이다. 이 노란 가닥 하나하나는 나중에 씨앗이 되고 민들레 꽃 한 송이에는 씨앗이 200여 개 달린다. 씨앗 하나하나에는 날아가기 쉽게 가벼운 털이 달려 있어 살짝 바람만 불어도 멀리 날아가 세력권을 넓힌다. 지구를 점령하려면 이 정도 전략은 있어야 하지 않을까!

속부터 아주 잘 익은
만두가 된 느낌.
샤오롱바오 체험 날씨.

찜통의 느낌

3
찜통더위와 불쾌지수

◇◇◇◇◇◇◇◇◇◇◇◇◇◇◇◇◇◇◇◇◇◇◇◇◇◇◇◇◇◇

우리가 쓰는 말을 가만히 생각해 보면 참 기발한 표현이 많다. 온대 지방, 특히 우리나라처럼 북태평양 기단이 여름을 접수하는 곳에서 '찜통더위'만큼 여름을 잘 표현한 비유를 찾아보기 힘들다. 자, 그럼 찜통더위란 어떤 것인지 파헤쳐 보자. 찜통이란 매우 덥고 습한 환경이며 그 속에 있으면 분명 기분이 나쁠 것이다. 이와 같은 상황을 숫자로 나타내 주는 것이 바로 불쾌지수다.

불쾌지수는 1957년 미국의 기후학자 얼 톰이 고안한 방정식에서 얻을 수 있는데, 실내에 있는 공간이라는 조건 아래 불쾌지수가 68미만이면 한 공간에 있는 사람들이 모두 쾌적함을 느끼지만 80이 넘으면 모두 불쾌감을 느낀다. 불쾌지수에 영향을 주는 요소는 온도와 상대 습도인데, 온도보다 상대 습도에 더 민감하다. 그렇다. 찜통더위란 바로 불쾌지수가 80을 넘는 매우 불유쾌한 상황을 이르는 말이다.

금붕어가
산책 나올 습도!

한여름의 습도

4
물속을 걷는 기분
◇◇◇◇◇◇◇◇◇◇◇◇◇◇

기단이란 비슷한 성질을 가진 큰 공깃덩어리를 이르는 말로, 우리나라에 영향을 주는 기단으로는 북태평양 기단, 오호츠크해 기단, 시베리아 기단, 양쯔강 기단 등이 있다. 북태평양 기단은 태평양이 햇빛을 받고 데워져 생긴 고온 다습한 기단이다. 이 기단은 적도 근처에서 북상해 봄부터 스멀스멀 우리나라 쪽으로 세력을 넓혀 와 우리나라에 머물고 있던 오호츠크해 기단과 힘을 겨룬다. 두 기단이 서로 맞붙어 절대 물러서지 않은 채 북으로 남으로 조금씩 오가는 일이 한동안 벌어지는데, 이때가 장마철이다. 여름이 깊어질수록 태평양에서 북상하는 고온 다습한 공기의 양이 많아진다. 결국 오호츠크해 기단은 밀려나고 우리나라는 북태평양 기단의 세력권 안에 들어간다. 다시 말해 태평양에서 온 물에 둘러싸이게 되는 것이다. 그때부터 우리는 밤이 되어도 기온이 25도 이하로 떨어지지 않는 열대야에 시달리고 습도가 80퍼센트를 넘는 탓에 마치 물속에서 걸어 다니는 기분이 되어, 얼른 차고 건조한 시베리아 기단이 북에서 내려와 이 고온 다습한 기단을 무찔러 주길 기다리는 신세가 되는 것이다.

열대지방에 사는 박쥐는
너무더워서 체력을 아끼기 쉬워
긴 여름잠을 잔다!

박쥐의 여름

너무 더우면 잠을 자자

동물들은 살기 어려운 환경이 되면 잠을 자면서 그 시간을 흘려보내는 기술을 가지고 있다. 추운 지방에 사는 동물은 식량을 있는 대로 잔뜩 먹고 몸의 지방을 불린 뒤 먹을 것이 없는 겨울에는 잠을 잔다. 호흡수가 줄고 심장 박동이 느려진 상태로 긴 겨울을 보내는 것이다. 이를 겨울잠이라 한다.

열대 지방에 사는 동물은 여름잠을 잔다. 열대 지방에 사는 달팽이는 습하고 시원한 날씨라야 피부가 마르지 않고 살아갈 수 있으므로 건조하고 무더운 건기가 되면 끈적이는 분비물로 온몸을 감싼 채 잠을 잔다. 그러다 비가 오면 다시 깨어나 열심히 먹는다. 열대 지방에 사는 박쥐는 너무 무덥고 비가 오지 않는 날이 지속되면 먹을 것이 줄어들고 활동하기 힘들기에 날개막으로 눈을 가리고 신진대사를 낮춘 채 조용히 쉰다. 무더위에 일상생활을 유지하는 것이 어려워지는 한여름이면 인간도 잠을 자야 하는 것이 아닌가? 우리도 지금부터 여름잠을 자는 기술을 배워 보자.

사이클론 때문에
바닐라아이스크림을
못 먹게 생겼다!

바닐라와 사이클론

사이클론이 배달하는 것

온대 지방 사람들에게 여름은 태풍과 사이클론의 계절이다. 지구는 구 모양이라 태양 빛을 모두 똑같이 받지 않는다. 자전축을 정확히 반으로 가로지르는 적도 부근은 1년 내내 지나칠 정도로 태양 빛을 많이 받지만 북극과 남극은 늘 춥다. 열의 빈익빈 부익부 상황이다. 그런데 우리가 모르는 것이 있다. 지구는 나름대로 에너지를 균등 분배하려고 애를 써 왔고 그 결과가 바로 태풍과 사이클론을 만들었다는 점이다. 적도 부근에 있는 바다는 늘 따뜻하게 데워져 있어 수증기가 풍부한데, 가끔 기압이 낮은 곳이 생기면 이곳을 중심으로 거대한 회오리 구름이 만들어진다. 이 회오리 구름이 인도양과 남태평양 근처에서 발생하면 사이클론, 북태평양에서 발생하면 태풍이라고 부른다.

사이클론은 적도 부근의 과다한 열을 수증기의 형태로 대륙으로 날라 주는 열 배달부다. 배달 방식이 과격해서 그렇지 사이클론이 없다면 지구 열 불균형은 더 심해져 지구에 무슨 일이 벌어질지 모른다. 그러니 사이클론 탓에 바닐라 농장이 파괴되어 비싼 천연 바닐라향이 더 비싸졌다 할지라도, 그래서 깊고 풍부한 향을 자랑하는 천연 바닐라향이 든 아이스크림 대신 깊은 맛이라곤 전혀 없는 인공 향으로 만든 아이스크림만 먹게 된다 할지라도 좀 참는 것이 좋겠다.

이리유

알래스카 농촌에는
여름에 100일 동안 이어지는
긴 일조량 덕분에
거대 채소들이 자란다.

알래스카 채소의 크기

7

알래스카에서 수확한 호박 마차

온대 지방에 사는 사람들에게 여름은 덥고 습한 계절이지만 알래스카에 사는 사람들에게 여름은 밝은 계절이다. 위도가 55~70도에 이르는 알래스카에서는 여름이 되면 100일 가까이 해가 지지 않는다. 인간은 아무리 밤이 밝아도 잠을 자야 하지만 식물은 햇빛이 있는 한 쉬지 않고 광합성을 한다. 물, 이산화탄소, 햇빛으로 당분과 에너지와 산소를 만드는 광합성! 식물이 광합성을 하는 덕분에 우리는 각종 채소와 과일을 먹을 수 있다.

알래스카의 채소들은 해가 지지 않는 100일 동안 쉬지 않고 광합성을 한다. 그 결과 70킬로그램에 육박하는 양배추, 33킬로그램짜리 무, 18킬로그램이나 나가는 브로콜리가 자라난다. 이 채소들은 크기만 큰 것이 아니라 맛도 달다. 광합성을 쉬지 않고 했으니 당연한 일이다. 도전 정신 충만한 알래스카 사람들은 비교적 따뜻한 곳에서 자라는 토마토를 온실에서 키워 거대 토마토도 얻어 냈다. 그리고 이 거대 채소들과 함께 축제를 열기 위해 해마다 누가 누가 더 큰 채소를 키웠는지 경연 대회를 연다. 모르긴 몰라도 신데렐라의 호박 마차는 이곳에서 만든 것이 틀림없다.

은빛 나는 살구 銀杏 은행은
자생하는 개체가 거의 없는
IUCN 적색 목록 멸종 위기종이다.
Q멸문

은행나무의 위기

8

노랗게 물든 가을이 사라진다?

가을 하면 노란 은행나무가 떠오른다. 은행나무 잎에는 엽록체 말고도 크산토필이라는 노란색 색소가 있다. 이들은 일조량이 줄어 엽록체가 활동을 멈추는 가을이 되면 비로소 자신의 매력을 발산한다. 냄새가 고약한 열매만 맺지 않았다면 은행나무는 더욱 큰 사랑을 받았을 것이다. 그러나 똥 냄새가 나는 과육 탓에 인간들은 암나무 수나무를 가까운 거리에 심지 않고 저 멀리 떨어뜨려 심는다. 열매를 맺지 않게 하려는 작전이다.

그런데 인간들이 알아야 할 것이 있다. 현재 자연 상태에서 자생하는 은행나무는 발견된 것이 거의 없다. 중국 동부 저장성 톈무산과 서남부 충칭시 진포산에만 아주 적은 수가 남아 있는 것으로 알려져 있다. 지구상의 은행나무는 인간이 가로수 등의 목적으로 일부러 심고 관리하는 개체가 대부분인 멸종 위기종이다. 보통 멸종이라 함은 속 안에 여러 종이 있고 그중 한 종이 멸한다는 뜻인데, 은행나무는 은행나무문의 유일한 종으로 은행나무가 멸종하면 한 종만 사라지는 것이 아니라 은행나무문 전체가 사라지는 셈이다. 그러니 열매의 냄새가 좀 고약하더라도 암수를 가까이 심고 보살펴 이들의 유전자가 지구에서 사라지는 것을 막는 것이 좋겠다.

눈부신 로즈핀치, 장미되새.
눈 위에 있으니
눈에 너무 잘 띄네.

장미되새

9

눈밭에서 행운을 얻는 법

◇◇◇◇◇◇◇◇◇◇◇◇◇◇◇◇◇◇◇◇◇◇◇◇◇◇◇◇◇◇◇◇◇◇

우리나라와 중국, 일본에 겨울이 오면 흰 눈이 쌓인 나뭇가지에 앉은 장미되새를 볼 수 있다. 장미되새는 16센티미터 정도 되는 작은 새로 이름에서도 알 수 있듯이 분홍색 깃털을 가진 아주 예쁜 새다. 우리나라에서는 '양진이'라고 불렀는데, 붉은색 혹이라는 뜻이다. 이 새는 분홍색이라 눈에 잘 띄고, 특히 눈 쌓인 나무 위에 앉아 있으면 안 보려야 안 볼 수가 없다. 하지만 겁이 많고 매우 조심스러운 성격이라 한자리에 오래 있지 않고 수시로 자리를 바꾸기 때문에 생각만큼 쉽게 만날 수는 없다. 그래서인지 사람들은 장미되새를 보면 행운이 온다는 말을 만들어 냈다.

좋다, 그럼 행운을 왕창 부르는 법을 알아보자. 과학자들의 연구에 의하면 새들은 수십 명씩 떼로 몰려와 새를 관찰하는 탐조대보다 카메라를 들고 혼자 와서 조심조심 접근하는 사람을 더 경계한다고 한다. 후자가 포식자의 행동과 더 닮았기 때문이다. 반면 새들은 탐조대에 대해서는 그다지 신경을 쓰지 않는 눈치라고 한다. 아마 사냥할 의지가 없다는 것을 아는 모양이다. 그러니 장미되새를 보며 행운을 얻고 싶다면 친구들을 우르르 몰고 가 얌전히 앉아 있으면 된다.

히말라야에 사는 비단 꿩은
여름에는 4,500m 고지에 살고
겨울이 오면 추위를 피해
2,000m 고지로 내려와
겨울을 난다.

히말라야비단꿩

10

비단꿩의 겨울나기

◇◇◇◇◇◇◇◇◇◇◇◇◇◇◇◇◇◇◇◇

4,500미터 고지에 사는 비단꿩에게 고지 2,000미터의 산은 따뜻한 겨울을 보내기 위한 별장과도 같다. 그렇다면 궁금한 것은 비단꿩은 왜 더 내려오지 않느냐는 것이다. 그 이유를 알려면 고산병에 대해 먼저 알아야 한다. 해수면과 같은 낮은 지대에 살던 생물이 해발 3,000미터 이상인 고산 지대에 가면 두통, 흉통, 시야 흐림, 호흡 불능 등 다양한 고산병 증세에 시달린다.

고산병의 원인은 산소 부족으로, 생물의 몸은 이를 극복하기 위해 혈관을 넓혀 산소를 품은 적혈구가 더 많이 지나가도록 한다. 그다음으로는 적혈구를 더 많이 만드는데, 그냥 적혈구가 아니라 산소를 더 많이 품을 수 있는 고급 적혈구를 만든다. 왜 평소에는 고급 적혈구를 만들지 않는지 모르겠으나 아무튼 위기 상황이 오면 몸은 그렇게 반응한다. 더 놀라운 것은 고산 지대에 가면 이렇게 대응해야 한다는 사실을 기억하고 있다가 다음에 다시 고산 지대를 찾으면 더욱 빨리 대응한다는 점이다. 반대로 고산 지대에서 태어나 그곳에서 사는 생물은 기본적으로 이런 기능을 장착하고 태어나기 때문에 해수면으로 내려오면 너무나 큰 산소 압력으로 인해 머리가 아프다. 그래서 비단꿩은 해발 2,000미터 아래로 절대 내려오지 않는다. 음, 이건 저산병이라고 해야 하나?

북극 땅다람쥐는 8개월 동안
겨울잠을 자는데, 3주에 한 번씩
체온을 -2.8℃에서 37℃로 올리는
놀라운 기술을 쓴다. 이제 우리 인간도
이와 같은 겨울잠 기술을 배우고
익혀, 겨울에는 그냥 잠을 자자.

북극땅다람쥐

11

겨울잠의 기술

지구의 화석 자원이 고갈되어 가는 오늘날, 추운 겨울에는 잠을 자는 것이 에너지를 절약할 좋은 방법일지도 모르겠다. 어떻게 하는 건지 아직 잘 모르겠지만 북극땅다람쥐의 혈액은 영하 2.8도까지 내려가도 얼지 않는다. 원래 과학자들은 개구리가 그러듯이 혈액에 당을 과하게 풀어 부동액 역할을 하게 해서 얼지 않는 것이라 생각했다. 이 생각을 증명하기 위해 겨울잠을 자고 있는 다람쥐의 혈액을 채취해 냉동실에 넣어 봤는데, 예상과 달리 혈액은 영하 1도가 되기 전에 얼었다. 당황한 과학자들은 서둘러 다른 가설을 세웠다. 체온이 아주아주 천천히 떨어져 응고점 이하에서도 액체로 머무는 과냉각 상태에 놓이도록 하는 물질이 뇌에서 나온다는 가설이다.

만약 이것이 사실이고 그 물질을 찾는다면 인간에게 매우 유용할 것이다. 인간을 동면 상태에 들게 하면 장기간 우주 비행을 할 수 있고, 불치의 병에 걸린 사람이 먼 미래에 치료법이 발견될 때까지 잠들어 있을 수도 있다. 또 아주 적은 산소만 공급되어도 뇌가 멀쩡한 이유 또한 그 물질에 있을 테니 뇌졸중에 걸린 사람에게도 아주 좋은 치료제가 될 것이다. 물론 아직 우리가 그 물질을 찾지 못했다는 것이 큰 함정이긴 하다.

큰곰자리
북두칠성

북극성

작은곰

이지유

arctic은 그리스어로 곰이라는 뜻이고
Antartica는 곰의 반대쪽이라는 뜻으로
바로 남극을 가리키는 말이다.
그러나 그 곰은 북극곰과는 아무런 관련이 없다.

북극곰의 이름

12

북극곰과 남극의 관계

가장 긴 겨울을 가진 북극과 남극! 북극과 남극이 추운 이유는 햇빛을 적게 받기 때문이다. 북극, 남극은 한 장소가 아니라 지역을 이르는 단어로 북위, 남위 66도부터 90도까지 백야가 있는 지역이다. 한편 지구의 자전축이 북쪽과 남쪽으로 뚫고 지나가는 점을 각각 북극점, 남극점이라고 한다. 지구의 자기 북극과 자기 남극은 북극점이나 남극점과는 다르며 이는 계속 움직인다.

지구상의 대륙이 대부분 북반구에 있기에 지구인들은 남극보다 북극의 존재를 먼저 알았다. 지구인들은 북극에 곰을 뜻하는 아크틱(Arctic)이라는 이름을 붙였는데 이 단어는 곰을 뜻하는 그리스어 아르코스(Arktos)에서 가져왔다. 마침 북쪽 하늘, 지구의 자전축이 가리키는 방향에는 위치가 변하지 않는 북극성이 있었고 북극성은 작은곰자리의 별이었으며 그 옆에는 큰곰자리도 있었기 때문이다. 곰자리를 뜻하는 영어 아크틱에서 이름을 가져온 것이다. 북극은 곰이라는 뜻이지만 이때의 곰이 우리가 아는 흰 북극곰은 아니다. 남극의 존재를 알게 된 지구인들은 반대를 뜻하는 접두사 Ant를 붙여 남극을 곰의 반대쪽, 안타티카(Antartica)라고 불렀다. 그러니 북극과 남극의 명칭이 곰자리와 관련이 있는 것은 확실하나 북극곰과는 아무런 관련이 없다.

봄   여름   가을   겨울

한반도의 사계절

사계절

13

균등한 사계절을 위하여

온대 지방에 사는 사람들은 사계절이 있는 것을 매우 자랑스럽게 여긴다. 눈이 오는 겨울에는 눈썰매를 타고 봄에는 각종 들꽃을 꺾어 장식을 하고 여름에는 물놀이와 수박, 가을에는 아름다운 단풍을 보고 바람을 느끼다 보면 1년이 훌쩍 지나간다. 게다가 이런 계절에 대한 정보는 뇌에 기억을 저장하는 주소 역할을 해 사계절이 뚜렷한 지역에 사는 사람이 그렇지 않은 지역에 사는 사람보다 기억력이 좋다는 연구 결과도 있다.

그러나 이제 곧 사계절이 사라질지도 모른다. 지구 온난화가 빨라지면서 봄과 가을이 짧아지고 있기 때문이다. 지구 온난화의 주원인은 이산화탄소! 인간이 화석 연료를 쓰고 내뿜는 이산화탄소의 양이 너무 많아 지구는 자정할 능력을 잃었다. 기후학자들은 이런 속도로 기온이 올라가면 2040년에는 돌이킬 수 없는 온난화 폭주에 들어갈 것이라고 내다보고 있다. 지금이라도 이산화탄소 배출량을 줄여야 한다. 물론 인간이 노력해도 지금 진행되고 있는 온난화를 막을 수 없을지도 모른다. 그러나 해 보지 않고서야 모르는 것 아닐까?

3장

지구 생명체의
구애와 번식

지구인은 외부로 드러난 생식기의 모양과 기능에 따라 대체로 두 성으로 나뉜다. 대다수의 인간은 무리 지어 살며 무리 안에서 양성은 권력, 부, 기회의 관점에서 동등하지 않다. 남성인 가장이 강력한 지배권을 쥐고 가족을 통솔하는 형태를 가부장제라 하고 이와 같은 속성의 사회를 가부장 사회라 하는데, 이런 사회에선 여성이 약자이며 기회를 얻지 못하는 경우가 많다. 자, 그럼 동물의 경우는 어떤가 보자. 참, 인간도 동물임을 잊지 말자.

혹돔은 가장 큰 암컷이 수컷으로
변신해 왕좌 다툼을 벌인다.

혹돔의 변신

1
혹돔은 모두 암컷으로 태어난다

세상에는 멋진 동물이 많지만 혹돔은 진짜 멋지다. 우선 혹돔은 모두 암컷으로 태어난다. 우아, 벌써 멋지다. 하지만 사소한 문제가 있다. 암컷만 있으면 자손을 볼 수 없다. 자연이 선택한 해결법은 암컷 중 일부를 수컷으로 만드는 것이다. 이상하게 들릴지 몰라도 모두 암컷으로 태어난 마당에 이보다 적절한 해결법이 있을까? 결국 몇 마리가 수컷이 된다. 수컷이 되면 머리에 거대한 혹이 생긴다. 이미 짐작하고 있겠지만, 그래서 이 물고기의 이름이 혹돔이다.

힘겨루기를 통해 뽑힌 대장 수컷은 주변에 있는 모든 암컷의 남편이 된다. 아, 정말 이상한 관계다. 이들은 원래 자매였던 것이다. 하지만 그건 과거의 일이니 신경 쓰지 말자. 자연의 입장에서 보면 수컷 한 마리가 장기 집권하는 것은 유전자의 다양성 면에서 그리 좋은 일이 아니다. 그래서 혹돔의 집단에서는 또 한 번 놀라운 일이 벌어진다. 무리의 암컷 중 가장 크고 힘이 센 개체가 서서히 수컷으로 변하는 것이다. 그리고 왕좌의 자리를 놓고 결투를 치른다. 인간의 성별도 필요에 따라 다음날 변해 있다면 어떨까? 잠깐, 그거 괜찮은데!

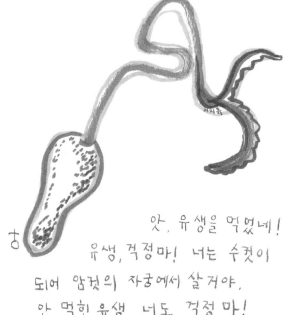

앗, 유생을 먹었네!
유생, 걱정마! 너는 수컷이
되어 암컷의 자궁에서 살 거야.
안 먹힌 유생, 너도 걱정 마!
모두 훌륭한 성체 암컷이 될 테니,
진정한 아마조네스, 보넬리아!

보넬리아의 성

2
성은 바꿀 수 있는 거야

보넬리아는 초록색 작은 오이에 긴 대롱이 달린 것처럼 생긴 환형동물로 얕은 바다 밑바닥을 훑어 플랑크톤을 흡입하며 살아간다. 보넬리아를 검색하면 나오는 사진은 모두 암컷이다. 길이가 15센티미터인 암컷과 달리 수컷 보넬리아는 1밀리미터 정도로 아주 작고 정자를 제공하는 역할만 하도록 다른 부분은 퇴화한 채 암컷의 몸속에서 기생하기 때문에 실제로 보기는 아주 힘들다. 보넬리아의 세계는 꼭 그리스 신화에 나오는 여성들만으로 구성된 부족 아마조네스 같다.

보넬리아 암컷이 낳은 알이 어린 유생이 되었을 때 암컷이 이를 먹으면 그 유생은 보넬리아의 몸속에서 정자만 만드는 수컷으로 변한다. 반면 먹히지 않은 유생은 그대로 자라나 커다란 암컷이 된다. 재미난 점은 암컷에게 먹힌 유생이 완벽하게 수컷이 되기 전에 꺼내면 그 유생은 중성으로 남는다는 것이다. 반대로 암컷으로 자라고 있는 유생을 다 자란 암컷의 몸에 넣으면 그대로 중성이 되어 버린다. 그래서 보넬리아는 성의 분화를 연구할 때 꼭 거론되는 동물이다. 성이 결정되지 않은 유생이 수컷과 암컷으로 변하는 정확한 과정은 아직 밝혀지지 않았다. 분명한 것은 우리의 먼 조상 격인 환형동물의 성은 이렇듯 바뀔 수 있다는 것이다. 이와 같은 성질이 인간에게는 정말 없으랴?

첫 번째
남편

두 번째
남편

세 번째
남편

우리가 아는 초롱아귀는
모두 암컷이다!

초롱아귀의 진실

초롱아귀의 쪼그만 남편들

암컷 초롱아귀는 패션을 안다. 붉은색, 갈색, 노란색 등 몸의 빛깔도 화려하지만 머리 앞에 자신을 상징하는 작은 깃발을 하나씩 가지고 있다는 점이 아주 특이하다. 지구상에는 엄청나게 많은 생물이 있지만 머리에 깃발을 장착하고 다니는 생물은 아귀가 유일하다. '남의 말' 하기 좋아하는 인간들은 아귀의 겉모습에 대해 쑥덕대기도 한다. 입이 너무 크다, 치열이 고르지 않다, 너무 많이 먹는다 등 무성한 소문을 만들어 대는데 뭐, 다 사실이다.

이런 평판은 오직 암컷에게만 유효하다. 수컷은 손가락 두 마디밖에 안 될 정도로 작고 볼품도 없으니 패션이고 뭐고 없다. 이들의 목적은 오직 하나, 자신의 유전자가 지구상에 남아 있도록 발버둥 치는 것이다. 수컷은 이 목적을 이루기 위해 암컷을 발견하면 무조건 따라가 꽉 물고 늘어진다. 그리고 정소만 남기고 자기 몸을 녹여 없앤다. 이렇게 목적의식 투철한 동물이 또 있을까? 암컷 아귀 입장에선 귀찮게 구는 남편이 없으니 훨씬 편할지도 모른다. 아니, 확실히 편할 것 같다.

꼬리감는원숭이 암컷은
마음에 드는 수컷에게
돌을 던지고 도망가는 것으로
관심을 표시한다.

꼬리감는원숭이의 마음

4
꼬리감는원숭이의 연애 전략

중앙아메리카에서 남아메리카에 이르기까지 거의 모든 지역에서 사는 생활력이 매우 강한 원숭이. 꼬리감는원숭이가 넓은 구역에서 살 수 있는 이유는 뭐든 가리지 않고 다 먹는 바람직한 식습관 덕분이다. 이들은 보통 스물에서 서른 마리 정도로 무리 지어 살아가는데, 무리의 진정한 주인인 암컷들은 수컷 한 마리를 잘 구슬려 무리를 지키도록 만든다.

꼬리감는원숭이 무리를 관찰한 인간들은 대장 수컷 한 마리가 무리 내의 모든 암컷과 짝짓기를 할 것이라고 추측했지만, 알고 보니 암컷들은 여러 마리의 수컷과 짝짓기를 하고 있었다. 그래서 수컷들은 서열이 허울 좋은 권리라는 것을 알고 있다. 암컷들은 자유연애를 즐기는 편인데, 마음에 드는 수컷이 있으면 어떻게 해서라도 관심을 표현한다. 예를 들면 돌을 슬쩍 던지고 쪼르르 도망가는 것. 참 귀엽지 않은가. 가장 힘이 센 수컷이 아니면 평생 홀로 다니며 짝짓기 한 번 못 하는 수많은 종의 동물을 생각할 때, 이 원숭이들의 연애 전략은 유전자 풀을 다채롭게 만들어 다양한 조건에도 적응할 수 있는 자손을 생산한다는 점에서 매우 훌륭하다. 이게 다 돌멩이를 던질 줄 아는 암컷들 덕분이라는 것을 강조하고 싶다.

서열 2위 그룹의 수컷 고비들은
오래 살아야 1위가 될 수 있는데
몸무게가 적은 개체가 오래 살 확률이
커서 열심히 다이어트를 한다.

고비의 서열

수컷 고비의 다이어트

거의 모든 동물의 수컷은 힘겨루기를 해서 짝짓기 기회를 얻는다. 그런데 힘겨루기에는 엄청난 에너지가 들고, 왕좌를 차지한 후에는 계속 짝짓기를 해야 하기 때문에 체력이 급속도로 떨어진다. 결국 대장 수컷은 수명이 짧은 것이 일반적이다. 그러나 이와는 정반대의 전략을 구사하는 매우 영리한 동물이 있다. 바로 고비라는 이름의 물고기다. 몸길이가 5~10센티미터 정도인 이 물고기들은 장님새우와 함께 얕은 바다에 굴을 파고 사는 것으로 잘 알려져 있다. 고비는 장님새우의 눈이 되어 주고 장님새우는 굴을 파고 집을 수리하는 일을 하며 함께 사는 것이다.

고비 암수가 같이 살지 않는다는 것도 신선하지만 수컷 고비의 짝짓기 전략 역시 매우 신선하다. 이들은 에너지를 소비하는 싸움에 나서는 대신 서열 1위가 죽기를 기다린다. 이런 전략이라면 무조건 오래 사는 것이 유리하다. 그런데 고비는 몸집이 작은 개체가 오래 살 확률이 높다고! 그래서 수컷 고비는 늘 다이어트에 힘쓴다고 한다.

입으로 노래 따위
하지 않는다.

이지유

매화 날개딱새 수컷은 날개를 수직으로
들어올려, 1초에 120번 깃털을 비벼
바이올린 소리를 내는데
이게 다 암컷에게 잘 보이려 애쓰는 것으로
인간 수컷이 본받아야 할 점이다.

매화날개딱새의 날개

6
깃털로 구애하는 법

안데스산맥 근처 콜롬비아와 에콰도르에 사는 매화날개딱새 수컷은 성대가 있음에도 노래를 부르지 않고 깃털로 연주하는 것으로 잘 알려져 있다. 암컷에게 구애하는 때가 오면 이 새는 날개를 수직으로 들어 올려 연주를 시작한다. 보기만 해도 몹시 불편한 자세이지만 정말 열심히 깃털을 떤다.

매화날개딱새의 깃털은 날기 위한 깃털과 소리를 내는 깃털로 구성되어 있는데, 소리를 내는 깃털은 숟가락처럼 생긴 것과 심하게 구부러진 것, 이가 나간 포크같이 생긴 것으로 딱 보기에도 비행과는 상관없이 생겼다. 매화날개딱새는 이 날개를 1초에 100~120번 정도 흔들어 서로 부딪쳐 소리를 낸다. 보통 사람들은 벌새가 가장 빠른 날갯짓을 한다고 알고 있다. 벌새는 1초에 55번 날개를 흔들어 공중의 한 위치에 그대로 머문 채 꽃의 꿀을 빠는 놀라운 능력의 소유자다. 매화날개딱새는 그런 벌새보다 훨씬 빠른 속도로 날개를 떨지만 그 목적이 먹기 위함이 아니라 음악을 연주하기 위함이라니 뭔가 벌새가 '의문의 1패'를 당한 느낌이다.

갓 딴 신선한
해면

내 사랑을
받아 줘~~

수컷 병코돌고래는
해면을 코에 얹고
사랑을 고백한다.

병코돌고래의 고백

7

먹이 대신 꽃을 선물할게

큰돌고래 또는 병코돌고래는 우리가 돌고래 하면 떠올리는 바로 그 돌고래다. 몸길이는 3미터를 훌쩍 넘고 뇌도 인간보다 크다. 이들에게 높은 지능이 있다는 것은 이미 알려져 있는데, 연구에 따르면 이들에게는 언어가 있고 부족마다 방언도 있다. 또 각자에게 이름이 있어 친구를 부를 때에는 이름을 부른다. 병코돌고래는 생존과는 아무런 관련이 없는 놀이 문화를 가지고 있는 것으로 잘 알려져 있다. 예를 들면 자갈이 깔려 있는 얕은 해변에서 파도타기를 즐긴다. 또 수족관에 있다가 방사된 돌고래로부터 꼬리로 물을 차고 뛰어 오르는 기술을 배우는 일이 목격되기도 했다.

이런 정도의 돌고래니 남다른 구애 방법이 있을 것이 거의 확실하다. 수컷 병코돌고래는 놀랍게도 갓 잡은 물고기 따위를 물고 오는 것이 아니라 색이 살아 있는 해면을 암컷에게 선물한다. 이건 인간이 이성에게 꽃을 선물하는 것과 유사한 행동이다. 만약 이성이 삼겹살을 사 와서 구애를 한다고 상상해 보자. 돌고래는 그런 멋없는 행동을 하지 않는 것이다. 아무리 생각해도 놀랍다.

Paratrechalea ornata ♂

가짜 꾸러미라도
안 가져오는 것보단
낫다?!

거미의 꾸러미

8

성의를 보인다는 것

선물 이야기가 나왔으니 말인데, 선물 공세로 구애를 하는 동물로
는 거미가 있다. 유럽서성거미, 닷거미 등 거미의 수컷은 암컷에게 거
미줄로 꼼꼼히 포장한 선물을 가져가, 암컷이 선물을 풀고 그 속에 있
는 먹이를 먹는 동안 짝짓기를 시도한다. 당연히 큰 먹이를 가져간 수
컷일수록 짝짓기 시간이 길고 자신의 유전자를 간직한 자손을 볼 확
률이 크다. 반면 작은 꾸러미를 가져간 수컷은 짝짓기 시간이 짧아 자
손을 보기 힘들다.

간혹 수컷 가운데에는 가짜 꾸러미를 가져오는 경우도 있는데, 암
컷이 이것을 알아채는 순간 짝짓기를 거부하므로 자신을 먹이로 바친
다면 모를까, 그 수컷 역시 자손을 보기 힘들다. 하지만 선물을 가져가
지 않으면 암컷 근처에 갈 수조차 없기 때문에 요행을 바라는 수컷들
은 가짜 선물 꾸러미라도 가져간다. 대부분 실패로 끝나지만 말이다.

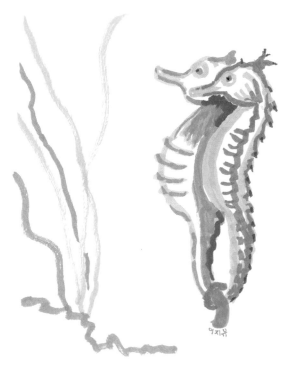

해마 부부는 꼬리를 꼬옥 잡고
다닌다.

해마 부부

9

지푸라기라도 붙잡는 마음으로

물에 살면서 수영을 가장 못하는 동물을 하나 꼽으라면 두말할 나위 없이 해마다. 진화 과정에서 무슨 일이 있었는지는 몰라도 이들의 지느러미는 생기다 만 것처럼 꼬리가 시작되는 부분에 장식으로 쓰기에 딱 알맞을 만큼만 자라나 있다. 아, 그런 건가? 지느러미의 역할은 장식인 건가? 그렇다면 진화는 완벽하다.

아주 사소한 부작용이 있다면 이 지느러미는 수영하는 데 그다지 도움이 되지 않는다는 것이다. 이 지느러미로는 물을 가르고 추진력을 얻을 수 없기에 힘차고 신속하게 헤엄치는 것은 불가능하다. 그 결과 해마는 원하는 방향으로 가지 못하고 물살이 밀어 주는 대로 밀려 다니는데, 혹시 원하지 않는 방향으로 떠내려갈 수도 있기 때문에 무엇이든 붙잡고 매달린다. 사실 해마 부부가 정답게 꼬리를 감고 있는 것은 사이가 좋아서라기보다 붙잡을 것이 상대방의 꼬리밖에 없어서일 확률이 크다. 뭐, 그래도 혼자 떠내려가는 것보다 같이 떠내려가는 것이 서로에게 위안이 될 테니 다행이긴 하다.

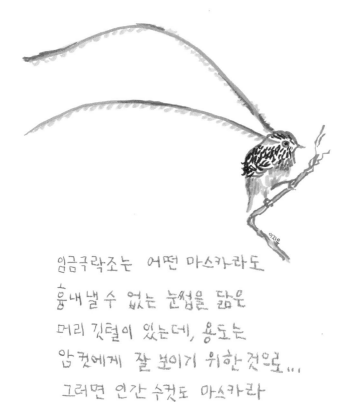

임금극락조는 어떤 마스카라도
흉내낼 수 없는 눈썹을 닮은
머리 깃털이 있는데, 용도는
암컷에게 잘 보이기 위한 것으로...
그러면 인간 수컷도 마스카라
해야 되는 거 아니냐?

임금극락조의 깃털

10

아름다움을 아는 새

오스트레일리아 북쪽 뉴기니섬을 중심으로 살고 있는 극락조들은 이름에서도 드러나듯이 매우 호화스러운 외모를 지녔다. 모두 14속 41종이 알려져 있으며 수컷은 대부분 비행과는 관계없는 장식성이 강한 화려한 깃털을 지니고 있다. 그중 임금극락조는 비행할 때 방해가 될 것 같은 매우 긴 눈썹을 가졌다. 암컷이 짙고 화려한 눈썹을 지닌 수컷을 좋아하기 때문이다. 이처럼 극락조 수컷들이 휘황찬란한 깃털을 한 원래 목적은 암컷에게 매력적으로 보이기 위함이나, 인간들에게 더욱 매력적으로 보인 탓에 마구 사냥을 당하기도 했다.

동물학자들의 관심은 하필 왜 이 지역에만 이렇게 화려한 새들이 많은가 하는 점이다. 그들이 내린 잠정적인 결론은, 먹을 것이 풍부하고 천적이 없는 환경에서는 생존을 위해 빨리 날거나 사냥을 잘하는 능력이 그다지 자랑이 될 수 없으니 장식성이 그 자리를 대체할 수 있다는 것이다. 새들도 먹고사는 일에 위협이 없으면 예술 활동을 한다는 뜻일까?

푸른발얼가니새는
인간에게 많은 영감을 준다.

푸른발얼가니새 부부

11

서로에게 끌리는 이유

파란색도 하늘색도 아닌 푸른색 발을 가진 푸른발얼가니새는 암컷이 조금 덩치가 클 뿐 암수의 겉모습이 다르지 않다. 이들은 특정한 상대에게 서로 끌려 짝짓기를 하는 '상호 성 선택' 동물이다. 수컷끼리 서열 다툼을 해서 대장이 된 수컷 하나가 많은 암컷과 짝짓기를 하는 동물의 경우, 수컷이 알이나 새끼를 돌보지 않은 채 짝짓기와 영역 지키기에 지쳐 빨리 죽는 반면 푸른발얼가니새는 암수가 번갈아 알을 품고 육아도 함께한다.

암컷은 시간차를 두고 알을 낳는데, 마지막 알을 낳을 때까지 기다렸다 품는 것이 아니라 낳으면 즉시 품기 때문에 알도 낳은 순서대로 부화한다. 그래서 푸른발얼가니새의 둥지에는 똑같은 덩치의 귀여운 새끼들이 모여 있지 않고 부화한 순서대로 크기가 제각각인 새끼들이 들어앉아 있다. 어떤 경우 솜털이 보송보송하지만 부모보다 덩치가 커 보이는 새끼가 입을 벌린 채 먹이를 기다리기도 하는데, 엄마 아빠는 참을성 있게 먹여 키운 뒤 새끼들이 날게 되는 날, 뒤도 돌아보지 않고 부모 자식 관계를 끊는다. 여러모로 배울 점이 많은 새다.

약 1000만 년 전에 살았던
케라토가울루스는 코 위에 한 쌍의 뿔이
난 설치류인데 저 뿔로는 땅도 팔 수
없고 암수 다 있어 이성에게 잘 보이
려고 이용할 수도 없는데 왜 가지고
있었던 걸까?

케라토가울루스의 뿔

12

매력의 조건

상호성 선택을 하는 예는 고생물 중에서도 찾아볼 수 있다. 1,000만 년 전 지구에 살았던 케라토가울루스는 용도를 알 수 없는 뿔 한 쌍을 가지고 있었다. 뿔은 코 바로 위에 있고 좌우로 휘어 있으나 다행히 시야를 가리지는 않는다. 땅을 파고 사는 설치류라 이 뿔이 땅을 팔 때 도움이 될까 싶었지만 그러려면 뿔은 앞으로 향하고 있어야 한다. 혹시 이 뿔이 수컷에게만 있어 암컷에게 잘 보이려는 목적으로 남겨둔 것인가 추측했으나 암컷에게도 똑같은 뿔이 있다. 이들은 암수 관계 없이 그다지 효용 가치가 크지 않은 뿔을 가지고 있었다.

그러나 뿔의 효용 가치란 인간이 따질 것이 아니다. 이 고생물들은 좌우 대칭이 잘 맞고 머리와 균형을 잘 이루는 뿔을 가진 이성을 선택했을 가능성이 높다. 골격이 건강하고 아름답다면 뇌와 근육이 조화를 이루어 튼튼한 개체일 가능성이 높기 때문이다. 동물이나 사람이나 균형 잡힌 건강한 몸이 가장 아름답게 보이며 그런 상태라야 이성에게 매력적으로 보이는 것이다.

해맑음

수컷 퉁가라개구리는 암컷 들으라고
열심히 우는데, 그 소리만
알아듣는 박쥐 Trachops cirrhosus가
와서 잡아먹는다.

퉁가라개구리의 노래

13
위험한 구애

남아메리카 파나마에 사는 퉁가라개구리는 매우 특이한 울음소리로 유명하다. '갤러그'라는 아주 오래된 오락에서 총을 쏠 때 나는 '뿅' 소리 끝에 버튼을 치는 '탁' 소리가 한 주기를 이루는 특이한 소리를 낸다. 몸 크기는 3센티미터 남짓이지만 노래 소리는 엄청 커서 번식기가 되면 인간이 잠을 이루지 못할 정도로 시끄럽다. 암컷 퉁가라개구리는 '뿅' 뒤에 '탁'이 구성지게 나는 수컷 개구리를 좋아하는데, 도시에 가까이 사는 수컷일수록 더욱 세련된 소리를 낸다. 도시의 소음을 뚫고 암컷의 귀에 들어가야 하므로 더 크고 더 특이하게 소리를 내기 때문이다. 개구리나 사람이나 도시에 가야 세련되게 변하는가 보다.

그런데 동물의 세계는 몹시 복잡하게 얽혀 있어서 이 노래를 사냥에 역이용하는 동물도 있다. 퉁가라개구리가 있는 곳에는 이 개구리의 탁 소리를 듣고 모여드는 박쥐가 있다. 물론 박쥐는 이 개구리를 저녁 식사로 생각한다. 이런 위험이 있는 걸 아는지 모르는지 수컷 퉁가라개구리는 신나게 울어 댄다.

먹을게 없네!
하나만 낳자.

암컷 울버린은 여름에 짝짓기를 하고
수정란을 가지고 있다가 임신하고
싶을 때 포배기 수정란을 착상
시키는 눈이 튀어 나올 기술이
있는데, 인간은 뭐냐, 정말!?

울버린의 능력

14

이렇게까지 계획적인 출산이라니

울버린은 시베리아, 툰드라, 북유럽과 북아메리카 등지에 사는 동물로 몸무게는 15킬로그램쯤 나가며 작은 곰과 오소리와 족제비를 합해 놓은 것처럼 생겼다. 혼자 넓은 영역을 차지하고 살며 매우 사나워 웬만한 동물은 울버린과 '맞장'을 뜨지 않는다. 영화 「엑스맨」에 등장하는 울버린은 바로 이 동물에서 모티브를 따온 돌연변이 초능력자 캐릭터다.

울버린이라면 모두 사납고 생존력이 강한 동물의 이미지를 먼저 떠올리지만 이 동물의 놀라운 능력은 따로 있다. 암컷 울버린은 짝짓기를 한 뒤 수정란을 포배기 상태로 저장하고 있다가 먹을 것이 풍부하고 새끼를 키우기 적당한 때라고 판단하면 수정란을 착상시켜 스스로 임신한다. 정말 놀랍지 아니한가? 과학자들은 아직 암컷 울버린이 어떻게 스스로 임신을 조절하는지 잘 모른다. 아마도 이 비밀이 풀린다면 난임으로 마음 고생하는 많은 인간에게 좋은 방법을 제시할지도 모른다.

진딧물은 모두 암컷이다!

진딧물

15

진딧물의 출산 정책

무더위가 기승을 부릴 무렵 식물의 잎줄기를 가릴 정도로 다닥다닥 붙어 있는 곤충. 우리가 진딧물이라고 알고 있는 이 초록색 곤충은 모두 암컷이다. 진딧물은 봄부터 열심히 수액을 빨아먹으며 새끼를 낳는다. 이들은 수컷과의 짝짓기 없이 무성 생식으로 하루에 열 마리에서 스물다섯 마리씩의 새끼를 낳고 일주일이면 생을 마감한다. 2세대 암컷 진딧물들 역시 일주일 동안 백 마리가 넘는 새끼를 낳고 죽는다. 이렇게 3~4대가 지속되는 동안 진딧물의 수는 기하급수적으로 늘어 그 일대를 점령한다.

장마가 오면 진딧물은 날개 달린 새끼인 유시충을 낳는다. 이들 역시 모두 암컷으로 숲으로 날아가 잠시 비를 피한다. 장마철이 지나면 다시 연한 잎이 있는 트인 공간으로 날아와 열심히 새끼를 낳다가 가을이 올 무렵에는 암컷과 수컷을 동시에 낳는다. 유전자 풀을 다양하게 해서 멸종하지 않으려는 최상의 선택이다. 가을 끝에 짝짓기를 끝낸 암컷 진딧물은 날개가 있어 다시 숲으로 가 알을 낳고 죽는다. 그 알은 다음 해 봄에 깨어나는데, 모두 암컷이다. 1년을 주기로 완성하는 진딧물의 번식은 참으로 버라이어티하다. 이들은 개체를 번갈아 주기를 완성하며 수컷은 알을 만들기 바로 직전에만 잠깐 나타난다. 다른 동물처럼 암컷 몸에 기생을 하지 않는다. 참 쿨하지 않은가!

앗.

꼴까닥!

알을 낳은 암컷 잠자리는
수컷이 짝짓기를 하려 하면
죽은 척한다.

어휴 귀찮아.

잠자리의 선택

16

연애하지 않을 자유

덩치가 작은 동물이 포식자를 만나면 죽은 척을 해 살아남는 경우가 있다. 물론 가장 확실한 생존 방법은 포식자를 만나지 않는 것이지만 죽은 척하기도 꽤 효과가 있는 방어책이다. 그런데 생존이 아닌 풍요로운 삶을 위해 죽은 척을 하는 곤충이 있다. 바로 잠자리다. 생물의 임무가 아무리 자손을 생산해 다음 세대에 유전자를 남기는 것이라 해도 이왕 이 세상에 태어났으면 한 번쯤은 여타의 임무에서 벗어나 자유롭게 사는 시간이 필요하다. 알에서 깨어나 유충의 시기를 지나고 번데기와 탈피를 거듭해 드디어 완벽한 성체의 몸을 지니게 되었는데, 짝짓기에 알만 낳다 죽을 수는 없는 노릇이다.

그래서 암컷 잠자리는 알 낳기를 마치고 나면 아직 짝짓기를 못한 수컷 잠자리가 아무리 귀찮게 굴어도 그에 응대하지 않는다. 그리고 더 이상 짝짓기를 할 수 없다는 표시로 죽은 척한다. 수컷들 사이에선 이에 대한 정보가 전해지지 않는지 수컷들은 암컷이 죽은 줄 알고 다른 곳으로 몰려간다. 그러면 암컷은 다시 포르르 날아오른다. 그러고는 남은 자유의 시간을 만끽하러 날아간다.

4장

지구인은
누구인가?

지구상에는 매우 다양한 생물이 살고 있다. 그중에서도 단일 종으로 가장 영향력이 있는 생물은 지구인, 곧 인간이다. 과학자들이 주로 사용하는 생물학적 분류에 따르면 동물계 척삭동물문 포유강 영장목 사람과 사람속에 속하며 종의 이름은 사람. 중요한 신체 구조인 두뇌를 가장 위에 얹고 직립 보행을 하며 털은 거의 없고 육지에 광범위하게 퍼져 산다. 1.4킬로그램 정도의 두뇌로 온갖 놀라운 일을 벌이는 인간에 대해 생각해 보자.

다른 동물과 달리 사람은
숨 쉬는 동안 계속 돈이 든다.

사람과 돈

1
먹이를 얻는 방법

◇◇◇◇◇◇◇◇◇◇◇◇◇◇◇◇◇◇◇

과학자들은 생명체를 다음과 같이 정의하고 있다. 첫째, 생명체는 세포로 이루어져 있다. 둘째, 신진대사에 필요한 영양분을 스스로 만들거나 남이 만들어 놓은 것을 가져다 먹는다. 셋째, 자신의 유전자가 지구상에서 사라지지 않게 자손을 만든다. 인간은 이 세 가지 조건을 다 갖춘 훌륭한 생명체다. 하지만 지구에 수십억의 인구가 살고 있고 사회 구조가 매우 복잡해진 현대 사회에, 과학자들이 만든 이 조건이 확실히 맞는지 잠시 생각해 볼 필요가 있다.

인간은 스스로 양분을 만들 능력이 없어 누군가가 만들어 놓은 영양분을 슬쩍 가져오거나 빌려야 하는 종속 영양 생물이다. 예전에는 다른 종속 영양 생물(동물)을 사냥하거나, 스스로 양분을 만드는 독립 영양 생물(식물)을 뜯어 먹기만 해도 잘 살 수 있었다. 그러나 사회 구조가 복잡해지면서 고기나 곡식을 얻으려면 돈이 필요한 상황이 되었다. 영양분을 사서 먹어야 세포가 신진대사를 위해 호흡을 하는 것이다. 그러니 현대 사회의 인간은 숨을 한 번 쉴 때마다 돈이 드는 셈이다.

현대인을 위한
3대 필수 영양소:
커피, 초콜릿, 고기?

현대인에게 필요한 것?

2
줄여도 괜찮은 것
◇◇◇◇◇◇◇◇◇◇◇◇◇◇◇◇◇◇◇◇

작가, 프로그래머처럼 가만히 앉아서 일하는 사람들은 운동선수, 현장 노동자처럼 몸을 많이 움직이는 사람들보다 적게 먹어도 되는 것일까? 과학자들의 실험에 따르면 가만히 앉아서 두뇌를 많이 쓰는 사람들은 몸을 많이 쓰는 사람들보다 단 것을 훨씬 많이 먹었다. 뇌가 당을 원하기 때문이다. 그렇다고 초콜릿을 쌓아 놓고 먹으면 곤란하다. 필요 이상으로 많이 먹으면 열량 과다로 살이 찌기 때문이다.

밤새워 일을 하거나 게임을 하는 일부 현대인이 필수라고 주장하는 카페인의 공급처 커피는 어떨까? 카페인의 반감기는 6시간이다. 6시간이 지날 때마다 몸속 카페인 양이 반으로 줄어든다는 뜻이다. 아침 10시에 커피를 마셨다면 오후 10시가 되어도 카페인의 1/4이 내 몸속에 남아 있는 셈이다. 아침 점심 저녁 가리지 않고 커피를 마시면 평생 깊은 잠을 잘 수 없다.

오늘날 지구상에는 인간의 몸무게를 다 합한 것보다 두 배나 많은 무게의 가축이 있다. 가축화된 소, 돼지, 닭에게 먹일 사료를 만드느라 열대 우림을 파괴해 옥수수를 심는 것도 문제지만 오로지 인간에게 먹히기 위해 사육되는 동물들을 어찌 생각해야 할까? 내가 누군가에게 이용당하기 위해 태어났다고 생각해 보라. 분명 불공평하다고 느낄 것이다. 그러니 육식을 조금 줄이는 것이 좋겠다.

독서를 하면 ^{뇌의} 집중과 인지기능을

책임지는 부분에 혈액이 모인다.
그러니 똑똑해지고 싶으면

책을 보면 좋은데,

볼 거면

책을 "사서"

보면 좋다!

← TV

인간과 책

3
지식을 얻는 방법

먼 옛날, 책은 권력과 부를 지닌 사람들의 전유물이었다. 종이 역할을 할 가죽이 비쌌고 한 자 한 자 사람이 베껴 써야 했으므로 책 한 권은 값을 따지기도 힘들었다. 인간이 쌓아온 지식은 이 책을 소유하거나 볼 수 있는 사람의 것이었으니 빈익빈 부익부는 단지 재화의 문제가 아니라 지식 분배의 문제이기도 했다. 이런 상황이 달라진 것은 종이와 활자의 발명으로 책이 대량 생산되면서부터다. 태어날 때부터 생존을 위해 호기심을 장착한 인간들은 책에 담긴 지식을 무한 흡수하면서 뇌를 훈련했다. 물성을 가진 바탕에 문자, 기호, 상징으로 지식을 기록하는 것은 오래된 기록 방법이고 이 기록물을 읽고 해독하는 것 역시 매우 확실한 학습 방법이다.

과학자들은 주기적으로 독서를 하는 것이 우울증을 치료하고, 심장 박동 수도 줄여 심신을 안정시키는 데 효과가 있다는 것을 실험으로 입증했다. 게다가 뇌의 일부가 죽거나 위축되어 생기는 치매에 가장 적게 걸리는 그룹이 작가들이라는 통계도 있다. 물론 작가들은 글을 잘 쓰기 위해 어마어마한 양의 책을 읽는다. 이와 같은 사실을 종합하면 다음과 같은 결론을 얻는다. 독서를 통해 인류를 치매에서 구하려면 재미난 책이 많이 출판되어야 하는데, 그러려면 작가들이 인세만으로 먹고살 수 있어야 하므로 독자들은 책을 많이 사야 한다.

이지유

Hope!
Gary Hill의 Wall Piece.

인간이 보내는 소통의 신호

4
의사소통하는 방법

게리 힐은 미국의 행위 예술가다. 「벽면 작품」에서 그는 깜깜한 무대에서 무어라 중얼거리며 주기적으로 터지는 플래시 타임에 펄쩍 뛰어오르는데, 뛰어오를 때는 목소리도 덩달아 커져 사진이 찍히는 순간, 행복, 좌절, 기쁨, 고통과 같은 단어를 외치는 것처럼 들린다. 좌절을 외치며 뛰어오르다니, 관람자는 청각, 시각 정보가 미묘하게 엇갈리는 경험을 한다.

미국의 심리학자 앨버트 머레이비언은 인간의 의사소통은 말로만 이루어지는 것이 아니고 비언어적인 몸 신호가 더 많은 역할을 한다는 사실을 밝혀냈다. 인간은 의사소통을 할 때 나열된 단어로는 7퍼센트, 말할 때 드러나는 음조, 음색, 억양으로 38퍼센트, 비언어적인 몸 신호로 55퍼센트의 내용을 전달한다.

정치가들은 카메라 앞에서 악수를 할 때 자신이 우위라는 점을 과시하기 위해 상대방의 왼쪽에 서서 자신의 오른쪽 손등이 사진에 찍히도록 한다. 진짜 고수는 손을 잡기 전부터 다양한 몸짓으로 '내가 제일 잘나가!'라고 말한다. 인간은 단어의 나열로 의사소통하기 훨씬 전부터 비언어적인 수단으로 의사소통을 해 왔고 그 습관은 고스란히 몸에 남아 있다. 그러니 이제 대화할 때는 그 사람 전체를 보자. 더 많은 이야기를 읽어 내게 될 것이다.

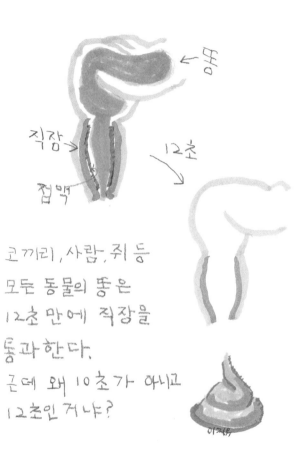

직장→

접막

점막

12초

코끼리, 사람, 쥐 등
모든 동물의 똥은
12초 만에 직장을
통과한다.
근데 왜 10초가 아니고
12초인 거냐?

직장의 공통점

5
12초면 충분한 일
◇◇◇◇◇◇◇◇◇◇◇◇◇◇◇◇◇◇◇◇◇

지구에는 정말 신기한 일이 많지만 그중에서도 진짜 신기한 일을 하나 꼽는다면 다양한 동물들의 똥 누는 시간이 거의 같다는 것이다. 생쥐, 개, 고양이, 사자, 코끼리, 나아가 인간까지, 건강한 동물은 똥이 직장을 통과하는 데 12초밖에 걸리지 않는다. 다시 말해 변의를 느끼고 화장실에 갔다면 12초 만에 볼일을 봐야 건강한 사람이라는 뜻이다. 이건 정말 이상한 일이다. 몸집이 차이 나는 각기 다른 동물들이 똥 누는 데 걸리는 시간은 비슷하다니!

비밀은 대장과 항문 사이의 직장에 있다. 건강한 동물의 직장에서는 끈적이지만 매끄러운 분비물이 나온다. 우리가 알고 있는 분비물 중 가장 가까운 것을 대라면 콧물, 그러니까 좀 끈적이는 콧물과 매우 비슷하다. 이 분비물은 여름철 물놀이 동산에 있는 기다란 미끄럼틀 위로 뿌려지는 물과 같은 역할을 한다. 만약 이 미끄럼틀에 물을 뿌리지 않는다면 내려가는 시간이 아주 오래 걸릴 뿐 아니라 내려오는 동안 미끄럼틀과 몸이 마찰을 일으켜 화상을 입고 수영복에 구멍이 날 것이다. 눈치가 빠른 독자라면 이 예시에서 미끄럼틀은 직장이고 사람은 똥에 비유되었다는 것을 알 것이다. 또 반드시 두 물질 사이에 윤활유 역할을 하는 것이 있어야 한다는 사실도! 배변 12초의 비밀은 바로 분비물! 우리 몸에서 나오는 분비물은 나름대로 다 역할이 있다.

만병통치약이긴 한데…

달콤한 조각 케이크

6
달달한 것을 찾는 이유

단 음식은 우울한 기분을 날려 주고 우리 몸에 활기를 준다. 이는 단음식을 먹었을 때 뇌가 도파민이라는 물질을 분비하기 때문이다. 포도당, 과당, 엿당, 젖당, 녹말 등 당이 든 음식을 먹으면 혀에 있는 맛봉오리의 수용체가 반응하고 이 신호는 뇌로 연결된다. 뇌 중에서도 주름진 겉 부분에 해당하는 대뇌 피질에서는 단 것을 먹었다는 신호가 오는 순간 도파민이 분비된다.

도파민은 우리의 기분을 좋게 해 주는 매우 긍정적인 물질이지만 너무 많이 나오면 심각한 문제가 생긴다. 이른바 중독이라는 증상을 일으키는 것이다. 뇌는 대부분의 음식을 먹을 때 도파민을 분비하지만 같은 음식을 계속 먹으면 도파민의 수준을 떨어뜨린다. 이는 음식을 골고루 먹게 해서 영양의 균형을 맞추려는 뇌의 노력이다. 그러나 당의 경우는 그렇지 않다. 당을 계속 먹어도 뇌는 도파민의 수준을 떨어뜨리지 않고 높은 수준을 유지한다. 이러면 기분이 좋아지는 보상을 받을 수는 있어도 당을 분해하기 위한 인슐린이 너무 많이 나와 결국은 필요할 때 인슐린을 만들지 못하는 상황이 되고 만다. 이것이 바로 당뇨! 그러니 단 것은 필요할 때 딱 한 입만 먹자.

내, 내가
지방간이라니!

부레가 없는 상어는 내장 용적의
90%에 달하는 거대한 간이 부레를
대신하는데, 간에는 Vit A 가 풍부한
지방이 다량함유되어 있어서
인간들이 간유구의 원료로 쓴다.

상어의 지방간

7

먹는 걸로 해결하려는 경향

지구상에서 가장 성공한 생명체를 고르라면 단연 상어를 꼽을 수 있다. 얼추 4억 5,000만 년 전부터 지구의 바다에서 살았다는 화석 증거가 나왔음은 물론 이들은 수많은 종을 만들어 변화하는 지구의 바다에 적응하며 지금까지 상어목을 유지해 오고 있다. 여기서 '목'이란 생물의 분류에 쓰이는 '계, 문, 강, 목, 과, 속, 종'의 한 단계를 이른다. 이렇게 훌륭한 상어는 깊은 곳에서 받는 수압을 견디기 위해 부레를 포기하고 그 대신 지방이 풍부한 간을 선택했다. 상어의 간은 종에 따라 내장 용적의 25~90퍼센트를 차지한다. 아무리 지방이 가벼워 물에 뜬다고는 하나 공기보다 가벼울 수는 없기에 상어는 뼈를 연골로 대체하고 갈비뼈도 없앴다. 그래도 여전히 무거워, 가라앉지 않으려면 계속 헤엄을 쳐야 한다.

그러나 인간들은 이런 해부학적인 내용에는 그다지 관심이 없고 그저 상어의 간 속에 든 기름이 인간의 몸에 좋다는 점에 집중한다. 그리고 그 기름으로 만든 알약인 간유구를 먹는다. 상어는 간에 지방을 축적해 수압을 견디는 대가로 죽을 때까지 헤엄쳐야 한다는 것을 잊지 말자. 그러니 상어의 지방으로 만든 간유구를 먹을 때는 그 알약에 무슨 효과가 있는지 상관 말고 계속 움직이자. 그러면 분명 건강해질 것이다. 건강의 기본은 운동이니까!

'아보카도' 라는 이름은
아즈텍말 ahuácatl 에서
왔는데 그건
'고환' 이라는 뜻이다.

아보카도의 이름

8

새로운 것에 끌리는 편

아래로 약간 처진 둥근 모습, 우둘투둘한 표면, 꼭 2개씩 마주보고
가지에 달리는 습성. 이 열매를 처음 본 사람들은 이것이 고환과 꼭 닮
았다고 생각했다. 그래서 이 열매의 이름인 아보카도의 어원은 스페
인 말로 고환이다. 어원이야 어찌되었든 스페인어를 쓰지 않는 우리
는 열매의 이름에 그런 뜻이 있는지 전혀 짐작할 수 없고 그저 열매가
매우 이국적이라는 생각밖에 들지 않는다. 그도 그럴 것이 아보카도
는 열대 지방에서 자라기 때문에 온대 지방에 사는 우리는 이 과일의
존재를 안 지 얼마 되지 않았다.

아보카도는 과일이지만 지방의 함량이 높은데, 이 지방이 동물의
몸에 꼭 필요한 불포화 지방산이라 건강을 생각하는 온대 지방 사람
들의 관심을 샀다. 게다가 적당한 포만감을 주어 식욕을 떨어뜨리기
때문에 다이어트에 좋다는 소문이 나면서 더욱 인기를 끌었고 원산지
에서는 정력제로 쓰인다는 정보가 입수되자 찾는 사람이 더욱 늘었
다. 결국 온 세계 사람이 아보카도를 찾자 열대 지방에서는 곡식을 키
우던 땅과 열대 우림을 밀어 버리고 그곳에다 아보카도를 심었는데,
이 작물이 물 먹는 하마 같아서 농장 인근의 지하수가 고갈 상태에 이
르렀다고 한다. 그러니 아보카도는 열대 지방 사람들에게 양보하고
우리는 온대 지방에서 나는 만병통치 열매를 찾도록 하자.

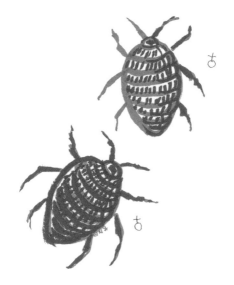

ㅎ

ㅎ

체중의 20%가 코치닐색소인
코치닐(연지벌레)은 붉은색 '카민'의
주원료로, 명품관에 있는 멋진 빨간 옷
한 벌에 수십만 마리가 필요하다.

코치닐과 빨강

9

빨간색이 좋은 이유

남아메리카의 안데스산맥 고산 지대에 사는 사람들은 아주 독특한 방법으로 붉은색을 얻는다. 지천에 깔린 넓적한 부채선인장에는 코치닐이라 불리는 연지벌레가 사는데, 이 벌레가 바로 붉은 물감의 주인공. 연지벌레는 흰색 가루로 몸을 덮어 위장하고 붉은 몸을 숨기지만 연지벌레만 집중적으로 키우려고 마음먹은 인간들이 그걸 모를 리 없다. 고산 지대 주민들은 연지벌레를 잡아서 절구에 넣어 찧거나 손바닥 사이에 넣고 비벼 손쉽게 붉은 물감을 얻는다. 이렇게 얻은 물감은 생물에게 무해하며 항산화 물질까지 함유되어 있다. 사람들은 입술이나 볼에 바로 물감을 바르기도 하고 알파카나 비쿠냐 같은 동물의 털을 붉은 색으로 염색하는 데 사용한다. 또 벌레를 말려 가루로 만들어 화장품, 의약품, 식료품 등에 넣는다. 연지벌레가 없었다면 남미의 화끈한 붉은 색을 어찌 표현했을까?

아프리카 마사이족은 산화철이 든 돌을 갈아 만든 붉은색을 얼굴에 바르고 성인식이나 결혼식을 치른다. 대륙마다 붉은색을 얻는 방법이 다르지만 붉은색을 얻는 것은 매우 중요하다. 인간이 이렇게 붉은색에 집착하는 이유는 우리의 피가 철에 기반을 둔 고분자로 붉은색을 띠기 때문이 아닐까?

잎이 초록색인 이유는
초록색을 쓰지 않기 때문이다.

잎과 초록

10
착각은 자유

인간의 눈은 매우 정교하고 놀라운 신체 기관이다. 우리 몸은 외부에서 들어오는 정보의 90퍼센트를 눈으로 받아들인다. 그런데 눈은 그저 외부의 빛을 받아들이는 장치일 뿐이고 눈을 통해 들어오는 정보를 처리하고 분석하는 것은 뇌다. 뇌는 착각을 하거나 지레짐작하는 일도 잘한다. 우리 뇌는 초록색 식물을 보면 어떤 착각을 할까? 싱그러움, 맛있는 채소, 산소 등 온갖 자연의 혜택을 떠올린다. 하지만 엄밀히 따지면 식물은 초록색을 좋아하지 않는다.

엽록소는 햇빛 중 초록색을 제외한 나머지를 다 흡수해서 당과 산소를 만들지만 초록색은 쓰지 않고 반사한다. 그래서 우리는 식물이 초록색이라고 여기는 것이다. 현대 광학은 지구 생명의 역사에서 아주 최근에야 발전했으므로 우리 뇌는 식물이 초록색을 쓰지 않고 튕겨 내 버린다는 것을 학습할 기회가 없었다. 그래서 우리는 식물의 입장과는 전혀 관계없이, 초록색을 보면 마음의 안정을 찾게 된 것이다. 만약 식물이 파란색이나 노란색을 버리기로 결심했다면 지구 동물의 색 취향은 전혀 다르게 발전했을지 모른다.

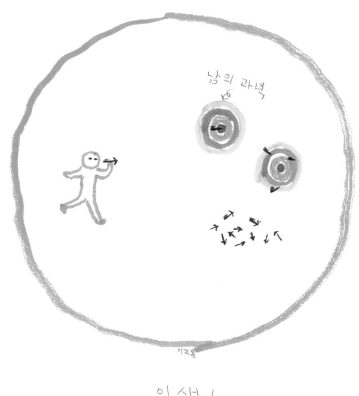

남의 과녁

인생!

인생과 과녁

11

남 좋은 일을 한다는 것

동그란 과녁 안에 화살을 던져 넣는 게임이나 스포츠는 보기보다 긴장도가 크다. 시신경과 운동 신경의 협업이 잘 이루어져야 함은 물론, 은근히 심리전이라 어떤 상황에도 흔들리지 않는 강한 정신력이 있어야 한다. 인생도 과녁 맞추기 게임과 크게 다르지 않다. 보고 듣고 배운 지식과 정보를 어디에다 써야 할지 목표를 설정하고, 누가 뭐라 하든 흔들리지 않는 뚝심을 가지고 매진해야 얻고자 하는 것을 얻는다.

그런데 가끔은 정보가 틀리거나 목표 설정을 잘못해서, 나아가 귀가 얇아 남 좋은 일만 하는 경우도 있다. 그것이 한 번일 때는 그럴 수도 있다고 스스로 위로하지만 같은 일이 반복되면 자괴감에 빠진다. 그렇다고 너무 실망하지는 말자. 양궁과 다트에서는 남의 과녁에 쏘면 실격이지만 인간의 삶에 실격이란 없다. 쏘고 또 쏘면 언젠가는 내 과녁에 맞는다. 그리고 내 주변에도 남의 과녁에 활을 쏘는 사람이 분명 있어서 남의 화살이 내 과녁에 꽂히는 일도 있다. 그러면 그냥 예전에 내가 쏜 화살이 이제야 내 과녁에 맞았다고 생각하자. 인생은 원래 그런 것이다.

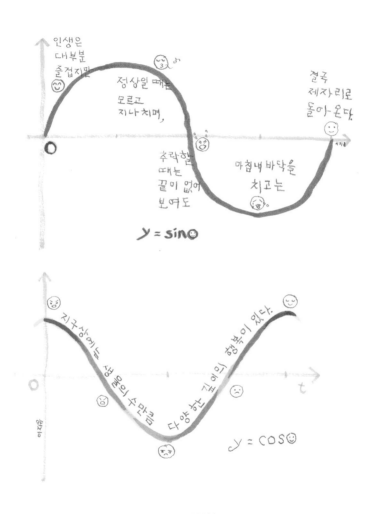

사인과 코사인

12

인생은 사인 곡선?

사인 곡선을 지긋이 바라보고 있으면 이 오묘한 함수 속에 인생이 들어 있다는 생각이 든다. 우선 이 곡선은 0에서 시작한다. 무에서 시작하다니 뭔가 철학적이지 않은가? 이제 오른쪽으로 슬슬 옮아가 보자. 점점 위로 올라가다 정점을 찍으면 다시 천천히 내려오고 하강하는 속도가 빨라진다고 생각할 때쯤 다시 느려지다가 마침내 바닥을 찍고 다시 올라온다.

며칠 주기로 오르내리는 기분, 몇 년 주기로 좋아졌다 나빠지는 살림, 기복이 있는 건강 상태까지. 사인 곡선 한 주기만 있으면 인생의 대부분을 설명할 수 있다. 사인 곡선이 좋은 점은 오르락내리락하다 결국은 돌아온다는 것이다. 그러나 그것은 흐르는 시간 위에 얹힌 y값이 같은 자리일 뿐, 절대 제자리는 아니다. 한편, 최고점에서 시작하는 코사인도 있다. 음, 이게 더 좋네!

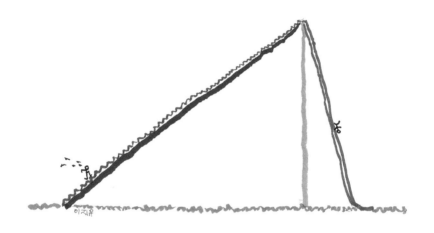

진보는   더디고
퇴보는   순식간

ㅠㅠ

인간의 진보

13

되돌아가는 건 쉽다

사람들이 수학을 포기하게 만드는 삼각 함수. 그 가운데 기본이 되는 직각 삼각형에 대해 알아보자. 삼각형에는 3개의 내각이 있는데 그 중 하나가 90도인 것을 직각 삼각형이라 한다. 우리는 이 직각 삼각형을 우리 사회의 진보와 퇴보 속도에 비유할 수 있다. 산을 오르려면 중력을 거슬러야 하므로 경사가 급하지 않아도 힘들다. 그러나 산꼭대기에서 내려오는 것은 너무나 간단하다. 중력과 같은 방향이니 그냥 굴러 내려오면 된다. 올라가기는 힘들어도 제자리로 돌아오는 것은 쉽고 간단하다.

중력은 이 사회를 기존의 질서에 잡아 두려는 복원력에 비유할 수 있겠다. 중력에 비유한 복원력이 다 나쁜 것은 아니지만 이 사회에 권력과 부를 가진 이들이 중력으로 작용한다면 그다지 좋은 것이라 보기 힘들다. 하지만 확실한 것 하나는 꼭대기에 절벽이 있고 누군가 밀면 떨어질 수밖에 없다는 것이다. 그러니 다 같이 천천히 꼭대기에 올라가 모두 신선한 공기를 마시며 더 높은 곳으로 갈 교두보를 마련하는 것이 좋겠다. 옆에 있는 사람 밀지 말고!

5장

인간적
이라는 것

한 인간은 가족, 마을, 도시, 국가에 소속되어 있고 그 속에서 인간들은 매우 복잡한 관계로 얽혀 있다. 따라서 자기표현과 의사소통은 한 개인이 복잡한 사회에서 자아를 실현하며 살아가는 데 무척 중요하다. 그뿐만 아니라 인간의 자기표현은 아름다운 것을 추구하고자 하는 욕구와 결합해 미술, 연극, 음악과 같은 예술을 만들어 냈고, 이를 공동체가 공유하면서 다양한 문화가 생겨났다. 인간은 놀라운 정신세계를 가지고 있다. 인간이 만들어 낸 무형의 세계를 살펴보자.

놀자!   그래!

놀이의 기쁨

1
노는 인간

◇◇◇◇◇◇◇◇◇◇◇◇

인간은 노는 동물이다. 장난치고 노는 것은 거의 모든 동물의 삶, 특히 어린 시절에 꼭 필요한 활동이다. 동물은 원래 호기심을 장착하고 태어난다. 이 호기심 덕분에 어린 동물들이 아무런 정보가 없음에도 여기저기 기웃거리고 부딪혀 보고 맛을 볼 수 있는 것이다. 호기심으로 시작해 얻은 '경험치'는 앞으로의 생존에 없어서는 안 될 귀중한 자료가 되는 셈이다. 이처럼 동물은 부모의 보호 안에 있을 때 형제자매나 동료들과 서로 엉켜 구르고 노는 것으로 생존에 필요한 정보를 수집한다. 다른 동물들에 비해 좀 더 복잡한 사회 속에 살고 있는 인간 역시 어린 시절의 놀이를 통해 사회 속에서 자신을 잃지 않고 굳건하게 살아갈 준비를 한다. 그러니 최선의 어른보다 최악의 또래가 낫고, 얌전히 어른 말을 잘 듣는 아이보다 말 안 듣고 제 주장이 강한 아이가 어른이 되어 잘 살 확률이 더 크다. 그러니 아이들은 놀아야 한다.

이대로 계속
잘 거야!

세상
끝날때까지
놀거야

지금 이 순간을 계속 즐기게 하는,
하지만 바꾸려면 너무 힘든,
너는 '관성'!

지금 이대로

2
관성 인간

17세기에 살았던 뉴턴이라는 과학자가 발견한 운동의 법칙 가운데 관성의 법칙이 있다. '외부에서 힘이 가해지지 않는 한 물체는 하던 운동을 계속하려 한다.'라는 것이다. 그런데 인간 역시 물질로 이루어진 존재라 그런지 관성의 법칙을 물심양면으로 아주 잘 따른다. 아무리 알람이 울려도 도저히 자던 잠을 멈출 수 없을 때, 이미 5~6시간 지속했어도 하던 게임을 도저히 멈출 수 없을 때, 휴대폰 배터리가 닳도록 수다를 멈추지 못할 때, 드라마를 정주행할 때, 이럴 때 우리 뇌는 하던 일을 계속하라는 관성의 명령을 보낸다. 이 모든 한 방향 운동을 바꾸는 것은 외부의 힘, 인간에게 그 힘은 바로 친구! 친구는 사람이 될 수도 있고 동물이 될 수도 있고 식물이 될 수도 있다. 물론 그 친구는 또 다른 관성을 불러올 수 있다는 것이 함정이다.

Sankta
Thore
Solist
Celine
Gammel
Svensk
Röd
Hamlet
Princess
Marine

오늘날 보드카는
감자로 만든다.

감자와 술

3

술을 빚는 인간

◇◇◇◇◇◇◇◇◇◇◇◇◇◇◇◇◇◇

남아메리카 안데스산맥이 원산지인 감자는 정말 종류가 많은데, 이건 감자가 매우 훌륭한 적응력을 지닌 생물이라는 뜻이다. 감자는 척박한 땅, 물이 좀 부족해 보이는 땅, 추운 기후 등을 모두 이겨 내고 다양한 모양과 색을 자랑하며 생존하는 매우 훌륭한 독립 영양 생물이다. 안데스에 사는 원주민들은 황태처럼 감자를 말려 저장했다가 두고두고 먹는다. 감자는 대서양을 건너가 유럽인들을 배고픔에서 구했고 지금까지도 세계 여러 나라 사람들을 먹여 살리고 있다.

이렇게 감자가 많은 인간의 배고픔을 달래 주기도 했지만 그 외에 인간들이 감자를 사랑하는 이유가 또 있다. 인간들은 감자로 술을 만든 것을 아주 자랑스럽게 여긴다. 그렇다, 인간은 당분이 있는 것이라면 뭐든지 발효시켜 술을 만든다. 원래 보드카는 밀이나 호밀로 만든 것을 최상으로 치지만 화학적 입장에서 볼 때 감자에서 나온 당이나 호밀에서 나온 당이나 별 차이가 없으므로 생산량이 많은 감자를 쓰면 재료비를 줄일 수 있다. 이렇게 만든 보드카는 의료품이 변변치 않았던 과거에는 소독약으로 쓰였고, 추울 때는 열을 내는 용도로 쓰였고, 잠이 안 올 때는 수면제로 쓰이는 등 많은 역할을 했다. 물론 대부분의 인간은 정신을 아득해지게 하려고 보드카를 마셨지만.

예술은 기술에 도전하고
기술은 예술에 영감을 준다.
John Lasseter. (디즈니, 픽사 대장)

예술과 기술

4
예술하는 인간

놀기 좋아하는 인간이 해낸 놀라운 일은 예술을 한다는 것이다. 예술이란 무엇일까? 표준국어대사전에는 이렇게 소개되어 있다. "특별한 재료, 기교, 양식 따위로 감상의 대상이 되는 아름다움을 표현하려는 인간의 활동 및 그 작품. 공간 예술, 시간 예술, 종합 예술 따위로 나눌 수 있다."

예술의 장르는 인간의 역사에서 하나씩 개발되어 온 것으로 건축에서 영화까지 모두 아홉 가지 영역이 있는데, 앞으로 개발될 열 번째 장르가 무엇일지는 미래의 인간만이 안다. 재미난 것은 예술과는 전혀 관계없을 것 같은 과학 기술의 발전이 새로운 예술 장르의 문을 여는 데 크게 기여했다는 것이다. 연극, 무용, 영화 같은 종합 예술은 카메라, 음향 기기, 컴퓨터 그래픽에 이르기까지 최신 과학 기술을 끌어들여 지금도 진화 중이다. 과연 인간의 놀이는 어디로 튀어 오를까? 그것이 궁금하다면 오래 살아야 한다. 그러니 좋은 음식을 먹고 운동을 하고 잠을 푹 자도록 하자!

시를 번역하면
비옷 입고
샤워하는 느낌!
이라고나 할까.

뭔가 다른 느낌

시를 쓰는 인간

시는 고품격 놀이라 할 수 있다. 엄선된 단어로 운율에 맞추어 말하고 글을 쓰는 것, 그리고 누군가 그렇게 지은 시에 포함된 비유를 알아듣고 이해하는 것, 나아가 시로 답을 하는 것은 지구상에 있는 생물 가운데 인간만이 할 수 있는 일이다. 시에는 그 언어를 쓰는 사람들만이 알아듣고 느낄 수 있는 분위기가 있으며 이 또한 자꾸 개발하고 많은 사람이 써야 발전한다.

가끔은 다른 언어를 쓰는 사람들의 시가 궁금해서 견딜 수가 없는데, 그럴 때는 언어 감각이 뛰어난 사람들이 번역을 한다. 하지만 참 이상한 것이 각 외국어 단어에 대응하는 자국어가 있어 번역이 불가능한 것이 아님에도 그 느낌을 100퍼센트 옮기는 것은 불가능하다. 그러니 여러분이 쓴 글을 번역하려 했지만 완벽하게 외국어로 번역하기 힘들다면 그것은 시인 것이 분명하다. 아마도!

변신

이지유

알레브리헤
Alebrije

고양이와 알레브리헤

6
상상하는 인간

상상(想像)이라는 말은 코끼리와 관련이 깊다. 오래전 중국 사람들이 코끼리 뼈만 가지고 본 적도 없는 코끼리의 모습을 생각해 낸 것에서 온 말이기 때문이다. 그러니까 상상력은 실제 모습에 대한 시각, 촉각, 청각, 후각 정보가 없이 뼈라는 단서만으로 머릿속에서 이미지를 구현해 내는 능력과 그 동물이 가지고 있을 습성을 추측해 동물을 구성해 내는 능력이다.

형형색색 화려한 상상의 동물 알레브리혜는 애니메이션 「코코」 덕분에 우리에게 잘 알려졌는데, 멕시코의 종이 공예가 페드로 리나레스가 꿈속에서 본 동물을 실제로 구현한 것이다. 리나레스는 고양이, 개, 돼지 등 주변에서 쉽게 볼 수 있는 동물을 변신시킬 수밖에 없었을 것이다. 무언가 아이디어가 떠올랐을 때 형상이나 개념을 구체적으로 상상하고 다른 사람에게 설명하거나 설득하려면 자신이 가진 경험, 자료 등을 논리적으로 무리 없이 이어 가는 능력이 필요하다. 이런 능력은 타고나기도 하지만 훈련을 통해 길러지기도 한다. 그 훈련이란 바로 이야기를 듣거나 읽는 것이다. 그래서 수많은 사람이 독서와 연극 관람 등을 강조한다. 참, 아인슈타인은 이런 말도 했다. "상상력은 지식보다 중요하다." 그러니 하루 한 상상!

호두파이 속 호두의 함량은

$$\frac{호두}{호두파이} \times 100 = \frac{1}{파이} \times 100$$

$$= \frac{1}{3.14} \times 100 = 31.84713\%$$

호두 파이

7

계산하는 인간

전체를 100개로 나눈 뒤 우리가 관심을 두는 대상이 그중 몇 개를 차지하는지 숫자로 나타낸 것, 이렇게 쓰니까 더 어렵게 느껴지지만 숫자 뒤에 %(퍼센트)를 붙여서 표시하는 것이 백분율이다.

백분율을 계산할 때는 나눗셈과 곱셈을 주로 쓰는데, 우리가 익히 잘 알고 있는 분수의 형태로 계산할 수도 있다. 숫자가 나눗셈, 곱셈 기호와 함께 나오면 꼼짝없이 계산을 해야 할 것 같은 공포감이 들지만 선을 긋고 분수의 형태로 나타내면 이것은 이미지로 인식되어 다양한 상상을 할 수 있다. 그래서 호두 파이, 사과 파이, 블루베리 파이, 초코 파이 등 모든 파이는 주재료가 무엇이든 관계없이 주재료의 함량은 약 31.84713퍼센트라는 놀라운 사실을 밝혀낼 수 있는 것이다. 뭐, 다 웃자고 하는 소리다!

널 위해서라면
저 별도
가져다
줄게!

뭐? 저 별은 시리우스!
거리는 8.6광년 =
81조 km. 시속 100km로
달리면 연후 1억 년.
이번 생에는 못 따겠네.
이거,
헤어지자는
거지?!

문학과 과학

8

사랑하는 인간

인간이 가장 유치해질 때는 사랑하는 대상을 만났을 때다. 태어난 지 얼마 되지 않은 아기는 성대가 발달하지 않아 말을 할 수 없음에도 아빠, 엄마를 정확한 발음으로 불렀다고 우기는 부모, 우리 고양이와 개는 인간이라고 주장하는 집사들과 견주들, 그리고 번식 가능한 시기에 놓인 인간들이 대표적이다. 상대방의 마음에 들기 위해 다양한 색의 깃털로 치장하거나 경쟁자와 전투를 벌이는 다른 종과 달리 인간은 다양한 거짓말로 구애에 나선다. 예를 들어 너를 위해서라면 죽을 수도 있다거나 별을 따다 준다는 말을 하는데, 다 거짓말이다.

모든 인간은 뇌에 특별한 이상이 없는 한 자신의 목숨을 지키는 쪽으로 행동한다. 또한 인간은 혼자 힘으로 지구 중력을 벗어날 능력이 눈곱만큼도 없고 속력도 느려, 몇 광년 거리의 별까지 가는 것은 불가능하다. 혹여 간다 하더라도 표면 온도가 수천 도에 이르는 별을 따기는커녕 인간이 먼저 타서 죽을 것이 확실하니 이런 거짓말에는 속지 않아야겠다. 그러나 번식을 위한 호르몬이 과다하게 분비되는 시기의 인간들은 상대의 말이 거짓말인 줄 알면서도 속아 넘어가는 경향이 있는데, 이럴 때 자신을 지키는 길은 과학 공부를 하는 길밖에 없다. 이런, 과학에서 멀어지게 할 소리를 하고 말았네!

자기야
이걸로 돈을
만들 수 있대!

뭐?
나 말고
또 다른 돈이
필요해?

비트와 코인의 만남

9

투기하는 인간

인간은 재화를 모으기 위해 투기를 한다. 자신의 수입과 자산 한도 안에서 적절하게 이루어지는 투자와 달리 적은 재화로 단시간에 큰 돈을 바라는 일확천금의 심리가 바탕에 깔려 있는 것이 투기다. 과거의 어이없는 투기 사건으로는 17세기 네덜란드의 튤립 파동이 있다. 아직 꽃이 피지 않은 구근 상태에서 거래되었다는 점을 보면 요즘 증권 시장에서 이루어지는 선물 거래와 같고, 튤립을 단기간에 사고팔아 챙기는 이득이 숙련된 노동자인 장인의 연간 소득의 열 배에 달했다는 점 등을 보면 과열 투기 현상이라 할 수 있다. 경제학자들은 튤립 파동을 최초의 거품 경제로 꼽는다. 이는 물건이 현실적으로 쓸모가 없더라도 큰 차익만 낼 수 있다면 사고팔 수 있다는 극단적인 상상의 결과로 생긴 일이다.

오늘날 현대인들 역시 한 번도 본 적이 없는 물건을 사고판다. 현대판 튤립 파동에 해당하는 사건으로는 비트코인을 들 수 있다. 알려지지 않은 알고리듬을 통해 컴퓨터에서 채굴된 비트코인을 거래하는데, 상품의 배경이나 생산 과정을 모르고 나아가 볼 수 없는데도 큰 시세 차익을 남겨 준다는 이유로 묻지도 따지지도 않고 돈을 건넨다. 이것은 인간만이 하는 행위다. 하지만 세계 경제 석학들은 입을 모아 말한다. 돈을 모으는 가장 좋은 방법은 정기적인 저축이라고.

레밍은 우르르 몰려 다니지
않는다 !

레밍에 관한 진실

10

모이는 인간

◇◇◇◇◇◇◇◇◇◇◇◇

세상에는 이상한 사람이 많지만 좋은 뜻을 품은 사람이 더 많다. 좋은 사람들은 대부분 정직한 방식으로 재화를 모으고 정해진 시간에 성실하게 일하며 가족과 친구들을 소중하게 여기고 상식이 통하는 사회가 지속되기를 바란다. 돈과 권력을 쥔 이들이 편파적이고 비상식적인 일을 할 때 보통의 좋은 사람들은 한 곳에 모여 한 목소리를 내 잘못된 권력을 비판한다. 이럴 때는 광장에 모여 적절한 구호를 외치고, 등대가 올바른 길로 안내한다는 상징을 보이기 위해 촛불을 든다. 이렇게 되면 아무리 야만적인 사람이라도 물러설 수밖에 없는데, 이건 사자가 사바나의 왕일지라도 수만 마리 얼룩말에게 협공을 당하면 견딜 수 없는 것과 같다.

이런 군중을 두고 레밍스라는 게임에서 우르르 몰려다니는 캐릭터에 비유해 비하하는 행위는 정말이지 무식하고 천박한 일이다. 게다가 설치류에 속하는 레밍은 실제로는 우르르 몰려다니지 않는다. 어떤 과학자가 맨 앞에 선 레밍이 물로 뛰어들자 모두 따라서 자살했다는 연구를 발표하기도 했지만 후에 이건 조작된 사실이라는 것이 밝혀졌다. 그러니 정치가들은 인기 유지를 위해서라도 제대로 된 비유를 하려면 과학 공부를 해야 한다. 그래야 최소한 무식하다는 말은 듣지 않을 것이다!

투표하러 가야지?!

투표

11

결정하는 인간

사실 다수결에 의한 투표를 인간만 하는 것은 아니다. 동물 행동학자들의 연구에 따르면 아프리카에 사는 원숭이들은 다수결에 따라 나무를 옮겨 간다고 한다. 우두머리가 있기는 하지만 다수가 저 나무로 가자고 하면 대장도 따라온다는 것이다. 이렇게 원숭이도 다수결을 사회의 의사 결정 방법으로 쓰지만, 대표를 뽑기 위해 투표 전부터 다양한 방식을 쓰는 종은 지구상에 인간밖에 없다.

적게는 수만 명 많게는 수억 명이 넘는 사람들이 한 지역에 모여 질서를 유지하며 살아가려면 반드시 그들을 대표해서 의사 결정을 하고 집행하는 기구가 필요하다. 대표란 많은 사람의 지지를 받는 사람으로, 대표를 향한 지지를 표현하는 수단은 투표다. 그러니 내가 요구하는 바를 사회에 관철하려면 꼭 투표를 해야 한다. 혹시라도 부패하고 비상식적인 사람이 대표로 당선되었고 당신은 그런 사람을 지지하지 않는다면 다음 선거까지 열심히 비판을 해야 한다. 한편, 그런 사람이 대표로 당선되었다는 것은 사회의 보편적 수준이 그렇다는 뜻이다. 사회를 바꾸려면 많이 떠들어야 한다. 살기 좋은 사회는 누가 만들어주는 게 아니라 내가 만드는 것이다. 물론 잘 안될 때도 있지만.

나이 든 나무는 한창때의
⅛ 정도의 CO₂를 마신다.
나무도 나이 들면 많이 못 마신다.

나무와 이산화탄소

12
쇠퇴하는 인간
◇◇◇◇◇◇◇◇◇◇◇◇◇◇

우리는 동물에 대해서는 태어나서 성장하고 성체가 된 뒤 늙어 가는 과정을 쉽게 상상할 수 있다. 우리가 동물이라서 그렇다. 그러나 식물에 대해서라면, 식물은 물을 주지 않아서 죽는다고 여기지 늙어서 죽는다는 생각은 하지 못한다. 식물도 생물이다. 그러니 이들도 늙는다. 모든 식물은 당연히 수명이 있다. 우리가 익히 잘 아는 한해살이 식물은 싹이 나서 열매를 맺고 죽는 일을 1년 안에 해치운다. 반면 수명이 긴 나무는 수백 년 또는 1,000년 이상 주기적으로 이런 일을 한다.

과학자들이 연구한 바에 따르면 나무도 전성기를 지나면 광합성을 하는 양이 줄어든다고 한다. 그러니 뒷산에 있는 나무들이 모두 늙었다면 이산화탄소를 정화하는 능력이 그다지 좋지 못하다는 소리다. 숲이 제 구실을 하려면 젊고 어린 나무들이 함께 있어야 한다. 그런데 이건 숲에만 해당하는 이야기는 아니다. 인간 사회도 모든 연령대가 적절히 섞여 있어야 그 사회의 생산성이 유지된다.

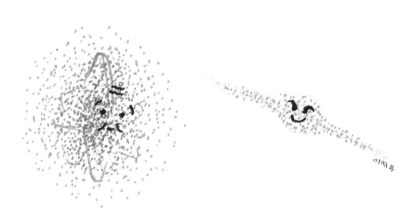

은하도 늙으면
퉁실퉁실 펑퍼짐한
공 같아진다.

은하의 노화

늙는 인간

◇◇◇◇◇◇◇◇◇◇◇

인간의 몸에서는 날마다 세포가 죽고 새 세포가 태어난다. 세포의 종류마다 수명이 다르긴 해도 얼추 100일 정도면 몸 안의 세포가 새 세포로 바뀐다. 그러나 세포는 무한히 분열할 수 없고, 나이가 들어 신진대사율이 떨어지면서 고장 난 세포를 수리하는 것이 점점 어려워진다. 근육량이 줄고 움직임이 둔해지며 판단력도 흐려진다.

은하도 이와 비슷하다. 납작하고 예쁜 나선 모양 은하는 시간이 지날수록 펑퍼짐하게 풀어지고 더 큰 은하가 옆에 있으면 서서히 끌려가 합쳐지기도 하며 중심에서 멀리 떨어진 별은 우주로 달아나기도 한다. 당연한 말이지만 은하도 늙는다. 은하는 별이 1,000억 개가량 모여 있는 별의 집단으로 은하 안에서는 별이 태어나 살다 죽고, 그 잔해 속에서 또 새 별이 태어나는 일이 끊임없이 벌어진다. 별이 마치 세포 같고 은하는 마치 생물 같다. 인간이나 은하나 삶의 과정이 비슷한 까닭은, 같은 우주에 살고 있기 때문이겠지.

6장

과학적
이라는 것

신과 외계인의 공통점은 한 번도 본 적이 없음에도 있다고 믿는다는 점이다. 둘 사이의 차이점은 원인을 따지지 않고 무조건 믿어야 하는 신과 달리 외계인의 존재는 충분한 시간만 주어진다면 과학적으로 증명을 할 수도 있다는 것이다. 과학은 논리와 실험과 증명을 기반으로 하고 수학이라는 언어를 쓴다. 그러나 불행하게도 과학과 수학을 이해하는 데는 과도한 뇌 활동이 필요하기 때문에 중도에 포기하는 인간들도 많다. 뭐, 그래도 괜찮다. 그런 건 과학자들이 해 줄 테니!

창조보다 쉬운 진화

1
46억 년의 기다림

〰〰〰〰〰〰〰〰〰〰〰

지구는 태양과 함께 46억 년 전에 생겨났다. 38억 년 전에는 우연히 바다에서 세포가 생겨났고 그 이후로 생명체는 지구 환경에 적응하며 다양한 모습으로 진화해 왔다. 누구보다 지구 생명체의 종류에 관심이 많은 과학자들의 추측에 따르면 이 지구상에는 1,000만에서 1억 종의 생물이 있을 것이라 한다. 현재 지구상에 있는 것이 그 정도이고, 38억 년 생명의 역사를 고려한다면 어마어마하게 많은 수의 생물이 지구를 거쳐 갔다는 것을 짐작할 수 있다.

인간을 비롯한 영장류는 6,500만 년 전 공룡이 멸종한 지구에서 살아남은 작은 설치류가 진화를 거듭해 생겨났다. 흙 속에 굴을 파고 살던 작은 설치류가 고릴라, 침팬지, 인간의 모습을 갖추는 데 1억 년도 채 걸리지 않은 것이다. 만약 지금 이 순간 지구에 소행성이 떨어져 덩치가 큰 생물이 멸종한다면, 앞으로 6,500만 년 후에는 어떤 지적인 생물이 나타날까? 지구의 수명은 60억 년이 더 남았고 그중 30억 년 정도 생물이 살 수 있는 환경이라 친다면 지구는 46번이나 지적인 생명체 실험을 할 수 있는 셈이다. 지구는 그냥 기다리면 된다. 생명은 달라진 환경에 가장 잘 살아남을 수 있는 자손을 낳아 대를 이을 것이다. 만일 생물이 진화하지 않은 것이라면, 신은 주기적으로 찾아오는 멸종에 대비해 새로운 지적 생명체를 만들어 내느라 바쁠 것이다.

님, 오늘이
아레시보
메시지
전송 46주년
이라는데,
설명 좀.

모, 몰라 몰라.
2진수, 그거
뭔지 몰라.
210 바이트,
210번 섞어
먹으라는 건가
? M13은 무슨
병균인데...

모,,
몰라
몰라,,,

이지유

아레시보 메시지

2

외계인 나와라 오버!

지구인의 오랜 질문 가운데 하나는 이거다. '과연 이 우주에 우리만 있는 것일까?' 그래서 1974년 11월 16일 지구인들은 푸에르토리코에 있는 아레시보 전파 망원경을 이용해 2만 5,000광년 떨어진 M13 성단에 어떤 신호를 쏘아 보냈다. 이진법으로 이루어진 이 신호에는 숫자, DNA원소, 뉴클레오티드, 이중 나선, 인간의 모습, 태양계와 이 메시지를 보낸 행성, 이 메시지를 보낸 전파 망원경 등이 담겨 있다. 이것들은 여러 사람의 의견을 받아 외계에 우리를 소개할 때 가장 중요한 것들을 뽑은 것이다.

그러나 정작 이 메시지를 외계의 지적 생명체가 받을 수 있을지는 의문이다. M13 성단으로 메시지를 보낸 이유는 거기에 별들이 많이 모여 있고 그 별들이 지적 생명체가 진화할 수 있을 정도로 충분히 나이가 들었기 때문이지만 메시지가 도착할 즈음에는 별들이 흩어져 신호는 허공을 날 확률이 크다. 또 누군가 신호를 받아서 답을 보내도 우리는 5만 년이 지나야 받을 수 있는데 과연 잘 받을 수 있을지. 이 메시지를 쓴 과학자들도 이런 사실을 알고 있었다. 이들은 20여 년이 지나서야 아레시보 메시지는 새로 만든 망원경이 이렇게 작동한다는 것을 보여 주기 위한 이벤트였다고 실토했다. 하지만 모르는 일이다. 외계인들이 이러는 우리를 다 지켜보고 있을지도!

원자 번호 14번 규소는
1414°C 에서 녹는다!

규소

3
규소와 외계인

～～～～～～～～～～～～～

아레시보 메시지가 지구를 떠난 뒤 지구에는 놀라운 일이 벌어졌다. 2001년 영국의 한 밭에 답신으로 보이는 거대한 메시지가 드러났고, 그보다 앞선 2000년에는 송수신기 모양의 거대한 크롭 서클이 나타난 것이다. 크롭 서클이란 논이나 밭을 도화지로 여기고 작물을 눕혀 거대한 기하학적 모양을 만든 것으로 미스터리 서클이라고도 부른다. 영국에 나타난 크롭 서클은 상상력과 유머 감각이 뛰어난 지구인의 작품이 분명해 보였다.

한편, 크롭 서클에 담긴 메시지 속에는 아레시보 메시지에는 없는 규소가 포함되어 있었다. 규소는 탄소처럼 결합 팔을 4개 가지고 있고 질량으로 따진다면 우주에서 여덟 번째로 많은 원소다. 그러니 만약 탄소가 여의치 않은 행성에 마침 규소가 풍부하다면 규소 기반의 생명체가 생겨날 수 있을지도 모른다. 물론 아닐 수도 있다. 지구를 보더라도 지구의 지각에는 산소 다음으로 풍부한 원소가 규소임에도 지구는 탄소를 기반으로 한 생명체를 만들었다. 그 생명체는 바로 인간이다. 그나저나 만약 저 크롭 서클들이 진짜 외계인의 답신이라면 어쩌지? 몰라 봐서 미안!

TRAPPIST-1 System

지구인들이 지구와 비슷한 크기의
행성이 7개나 있는
외계행성계를 발견했다.

지구와 비슷한 행성

4
친구를 찾아서

천문학자들은 좀 더 적극적으로 생명체가 살만한 외계 행성계를 찾아보기로 했다. 지구 밖에서 벌어지는 일에 대해 전혀 관심이 없는 사람들은 물을 것이다. 외계 행성계를 찾아서 도대체 뭘 하자는 거야? 인간에게는 태양계 너머 저 우주에 우리와 같은 생명체가 있으리라는 기대감과 그것을 확인하고자 하는 호기심이 있다. 외계 생명체를 만나기 위해 생명체가 살 만한 행성부터 찾는 것이다. 우리가 알고 있는 생명체가 살기 좋은 행성은 바로 지구이므로 천문학자들은 저 우주에서 지구와 비슷한 행성을 찾으려 애쓴다.

행성은 스스로 빛을 내지 않고 크기도 작아 찾기가 쉽지 않다. 그래서 천문학자들은 지구만 한 행성을 거느리고 있을 태양만 한 별을 열심히 찾았다. 태양도 그리 큰 별이 아니라서 그만 한 크기의 멀리 있는 별을 찾기는 힘들었다. 그러는 사이에 관측기구와 방법이 많이 좋아졌고, 빛뿐 아니라 중력파라는 새로운 눈으로도 우주를 보게 되었다. 이제는 지구만 한 행성을 어렵지 않게 발견한다. 만약 그 행성에 생명체가 있다는 조그만 증거라도 얻게 된다면 정말 기쁠 것이다. 이 광대한 우주에 친구 후보가 생기는 셈이니까.

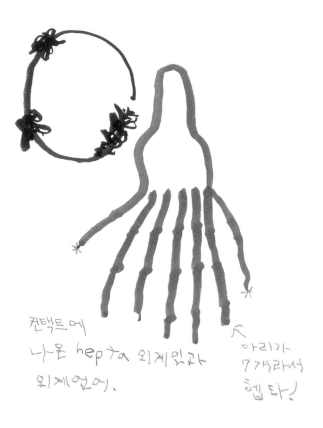

컨택트에
나온 hepta 외계인과
외계언어.

마리가
7개라서
헵타!

외계의 언어

어떻게 대화할까

지구에서 벗어나는 것이 무척 어려운 지구인이 외계인을 만났다면 그 외계 문명은 매우 발달한 것이 틀림없다. 분명 외계인들이 우리를 찾아와서 만났을 것이므로 그들은 SF에 자주 나오는 '순간 이동'쯤은 어렵지 않게 할 것이고 만약 그렇지 않다 하더라도 장거리 우주 비행을 하는 비법이 있을 것이 분명하다. 그렇다면 그들은 어떤 언어를 쓸까?

이런 사항에 대해 가장 많이 생각하는 사람은 SF 작가들이다. 이영도 작가의 단편소설 「카이와판돔의 번역에 관하여」에는 외계 문명과 동화책을 교환해 외계의 언어를 익히는 내용이 담겨 있다. 미국 작가 테드 창의 작품 중에는 눈과 다리가 7개인 외계인의 언어를 배우는 언어학자의 이야기도 있다. 「네 인생의 이야기」라는 제목의 이 단편소설은 영화로도 만들어졌는데 한국에서는 2017년 「컨택트」라는 제목으로 개봉했다. 이 작품은 지구인 언어학자가 헵타포드라는 고도로 발달한 외계 문명의 언어를 익히면서 시간에 대한 인식이 바뀌어 가는 과정을 다룬다. 이 외계 언어의 매력 포인트는 무엇보다 현재와 미래를 동시에 이해할 수 있다는 것. 그런 언어가 있다면 정말 배워 보고 싶지 않은가?

지구의 나이

6,000살은 너무 어려

⋄⋄⋄⋄⋄⋄⋄⋄⋄⋄⋄⋄⋄⋄⋄⋄⋄⋄⋄⋄⋄⋄⋄⋄⋄⋄⋄⋄

지구의 나이는 참으로 많은 과학자들이 엄청난 시간과 돈과 노력을 들여 알아냈다. 지질학자들은 지구상 곳곳에 드러난 암석의 나이를 방사성 동위 원소의 반감기를 이용해 알아냈고 그 자료를 바탕으로 지구의 나이를 추정했다. 천문학자들은 수많은 별을 연구해서 얻은 자료를 토대로 태양의 나이를 계산했다. 지질학자와 천문학자가 알아낸 지구의 나이와 태양의 나이는 놀랍게도 거의 같았다. 이렇게 온 지구상의 과학자들이 알아낸 지구의 나이는 46억 살이다. 그러나 지구의 나이가 6,000살이라고 우기는 이들도 있다. 이들은 성서에 쓰인 계보도를 거꾸로 거슬러 올라가 보면 지구의 나이는 1만 살이 되지 않는다고 주장한다. 만약 신이 이런 이야기를 듣고 있다면 코웃음을 칠 것이다. 신이 이 세상을 창조한 지 겨우 6,000년이라니 너무 경험이 적지 않은가!

창조과학은 과학이 아니라고!

과학자의 절규

과학이 아닌 이유

에드바르 뭉크의 작품 「절규」는 현대인의 삶을 표현하기에 매우 좋다. 내일이 시험이라 잠깐만 자고 일어나 공부하려 했는데 눈 떠 보니 아침일 때, 몰래 남겨 둔 아이스크림을 먹으려고 달려와 냉장고를 열었으나 이미 누군가 먹어 치웠을 때, 친구에게 보낼 선생님에 대한 욕 문자를 선생님에게 잘못 보냈을 때, 과학과 기술이 발달해 세상이 더욱 신기하게 바뀐 것은 좋은데 그 원리를 도저히 따라 갈 수 없을 때의 마음 상태를 뭉크의 그림 「절규」는 아주 적절하게 표현해 준다.

특히 뜨거운 사막에서 작은 붓을 들고 생물의 화석을 찾아다닌 끝에 지구상의 생물은 모두 공통 조상이 있다는 진화 개념을 증명한 과학자들은 창조론자들을 만나면 바로 '절규' 상태가 된다. 창조론은 과학 방법으로 생산된 지식이 아니다. 그러니 창조론은 과학이 아니다. 진화론은 제시한 가설을 증명하기 위해 수많은 증거들을 논리적이고 합리적인 방법으로 쌓아 가며 만든, 그러니까 과학 방법으로 만든 과학 이론이다. 그러니 과학자들은 절규할 수밖에!

인공지능이 이세돌을 이기는 시대에
달이 해 좀 가린다고 저 난리인데
옛날에는 정말 큰일이었겠네!

개기 일식

8
우연을 오해하지 마

〈〈〈〈〈〈〈〈〈〈〈〈〈〈〈〈〈〈〈〈〈〈〈

개기 일식이 일어나는 것을 실제로 보면 정말 신기하다. 달이 해를 가리는 단순한 일이 벌어졌을 뿐인데 세상은 어두워지고 추워지며, 새들은 밤이 온 줄 알고 당황해 날아다니고, 태양은 평소에 보이지 않던 푸른 코로나를 사방에 흩날린다. 과학 기술이 발달한 요즘에도 개기 일식을 보면 이렇게 신기한데 옛날 사람들은 어땠을까? 기절하기 일보 직전이었을 것이다. 그래서 옛 왕들은 왕권을 강화하기 위해 개기 일식이 일어나는 날 해가 완전히 가려지는 그 순간을 기다려 제물을 바치는 의식을 치렀다. 당연히 왕에게는 개기 일식 날짜를 잘 맞히는 제사장이 필요했는데, 제사장은 요즘으로 치면 천문학자인 셈이다.

개기 일식이 일어나는 이유는 지구의 공전 궤도와 달의 공전 궤도가 거의 같은 평면에 있어 태양, 달, 지구 순으로 늘어서는 일이 주기적으로 생기기 때문이다. 이렇게 공전 궤도가 같은 평면에 있는 이유는 태양과 지구와 달이 같은 기체 덩어리에서 생겨서다. 게다가 달의 겉보기 크기는 우연히 태양의 것과 같다. 지구에서 볼 때 달이나 태양이나 똑같은 크기로 보인다는 말이다. 그러니 개기 일식이 일어날 수밖에! 따라서 개기 일식은 왕권과는 아무런 상관이 없고 신의 전지전능한 능력과도 아무런 관계가 없다. 그냥 우연히 그렇게 된 거다.

무지개

9
보라색을 따져 보면

◇◇◇◇◇◇◇◇◇◇◇◇◇◇◇◇◇◇◇◇◇◇

인간은 지구를 벗어나지 않고도 우주에 대해 다 아는 것처럼 말한다. 그건 모두 빛을 이리저리 쪼개서 보는 분광학 덕분이다. 빛은 매우 넓은 범위의 파장을 지니고 있지만 인간은 380나노미터에서 770나노미터에 해당하는 빛만 볼 수 있어서 이 범위의 빛을 가시광선이라고 부른다. 가시광선을 적당한 도구에 통과시키면 몇 가지색을 가진 빛으로 분리되는데, 우리는 보통 일곱 가지 색으로 알고 있다. 그러나 솔직히 무지개를 자세히 보면 주황이나 보라색은 식별하기 어려워 예전부터 사람들은 오색 무지개라는 말을 써 왔다. 우리가 무지개를 일곱 가지 색이라고 생각하는 것은 전부 뉴턴 때문이다. 뉴턴이 프리즘을 고안해 빛을 파장별로 구분하면서 '도레미파솔라시'에 맞추느라 잘 보이지 않는 색도 넣은 것이다.

파장이 가장 짧은 빛이 바로 보라색인데, 영어로 바이올렛(violet)이라고 한다. 바이올렛은 자외선에 가까운 자연색으로 인간이 만들 수 없는 색이다. 보라색을 이르는 말로 퍼플(purple)도 있다. 퍼플은 파란색과 빨간색을 합한 혼합색으로 인간이 얼마든지 만들 수 있다. 그러니 바이올렛과 퍼플은 엄연히 다른 색이고 무지개의 보라색은 바이올렛이지만, 크레용에는 퍼플밖에 없기 때문에 세계의 모든 사람들이 무지개에 퍼플을 칠한다.

중력파

10

보이는 게 다가 아니다

블랙홀이 블랙홀이라는 이름을 가지게 된 이유는 볼 수 없어서다. 본 적도 없는데 블랙홀이 있는 것을 어떻게 믿느냐고 할 수도 있지만 우리는 보이는 것이 다가 아니라는 사실을 잘 알고 있다. 빛도 삼키기 때문에 누구에게도 모습을 보일 수 없는 블랙홀은 참 독특한 방법으로 자신을 드러냈다. 바로 충돌, 그러니까 박치기를 하는 거다. 거대한 두 블랙홀이 충돌하면 주변의 중력장이 심하게 흔들리면서 중력파가 생겨난다. 우리는 느끼지 못하지만 지금 이 순간에도 중력파는 지구를 흔든다. 이것은 우주에 멀리 퍼지는 소리와 같고 또 다른 빛과 같다. 우주를 보는 새로운 방식인 것이다.

천문학자들은 아무도 듣지 못하는 블랙홀의 소리를 들으려고 사막에 거대한 ㄱ자 모양의 장치 라이고(LIGO)를 만들고 우주 어디에선가 들려올 블랙홀의 소리를 기다렸다. 2016년 2월 드디어 블랙홀의 충돌로 생긴 중력파를 잡아냈다. 이 블랙홀의 거리는 13억 광년. 무려 13억 년 전에 생겨난 중력파가 이제야 지구를 지나간 것이다. 이 모든 과정이 참 신기하다. 블랙홀이 박치기한 소리를 들으려고 수백억 원이 드는 장치를 만들려는 생각을 하는 사람들이 있고, 중력파를 잡아내자 기뻐하는 사람들이 있다는 사실이 말이다. 도대체 누가 그런 일에 신경이나 쓴단 말인가?

조오기서 싸이키조명(중성자 별을
이르는 우주은어) 둘이 붙었어염.

님, 벌써
중력파랑 감마선이
제보했음요. 그래도 가시광선님
덕분에 정확한 위치를 알았음.
유혈사태 생기나 감시해 주셈.

가시광선

11

구닥다리를 무시하지 마

지구의 천문학자들은 블랙홀끼리 충돌해서 만든 중력파는 물론 중성자별이 충돌해서 만든 중력파를 감지하는 수준에 이르렀다. 그러나 문제가 하나 있었다. 중력파의 진원지를 정확하게 잡아서 볼 수 있는 기술이 없었던 것이다. 지구인들은 그저 저기 저 근처에서 중력파가 왔다고 짐작할 수밖에 없었다. 이때 가시광선이 힘을 발휘한다. 사실 가시광선을 보는 광학 망원경은 그간 억울한 처지에 있었다. 갈릴레오가 가시광선을 보는 광학 망원경을 만든 이래로 망원경은 발전을 거듭해 지구인의 시야를 우주로 넓혀 주었다. 그런데 시간이 흘러 적외선 망원경, 엑스선 망원경, 중력파 감지기 등이 나타나면서 광학 망원경을 구닥다리로 여기는 사람들이 많아진 것이다. 하지만 모르는 말씀. 여전히 천문학의 바탕은 가시광선으로 우주를 보는 것이다. 가시광선은 정확하게 중성자별들이 충돌한 지점을 알려 주었다. 이건 마치 붓으로만 그림을 그리던 사람이 태블릿 피시를 다루지 못해 뒤로 밀려났으나, 전기가 다 나간 세계에서 붓을 들고 나타나 그 상황을 당당하게 그릴 때의 느낌이라고나 할까. 그러니까 언제나 우리가 가장 잘할 수 있는 것을 열심히 하는 것이 중요하다.

태양

이지유

태양보다
40~배 무겁!
블랙홀 후보

태양은 아무리 애를 써도
블랙홀이 될수없다.

태양과 블랙홀

12
블랙홀이 될 수 없는 이유

많은 사람이 태양이 죽으면 꺼져서 블랙홀이 될 것이라고 생각한다. 정말이지 놀라운 상상력이다. 지구인들의 자유로운 정신세계를 위해 이런 상상은 매우 중요하다. 그럼 여기에 지적인 균형을 맞추기위해 과학자들이 알아낸 태양의 미래에 대해 간략하게 이야기해 볼까한다.

결론부터 말하자면 태양은 블랙홀이 되지 않는다. 아니, 될 수가 없다. 빛을 삼키고 신비로운 중력파도 만드는 블랙홀이 되려면 태양은지금보다 삼십 배 이상 무겁게 태어났어야만 한다. 그러니까 이건 태생적 한계라 하겠다. 하지만 태양이 이렇게 작게 태어난 덕에 우리가지구에 살고 있다는 것을 알아야 한다. 별이 너무 크면 빛이 너무 세고주변 행성도 너무 뜨거워 생명체가 생기기 힘들고, 별의 수명 또한 수억 년 이하라 생명체가 생겨 진화하기에는 시간이 턱없이 부족하다.우리가 지구에서 아웅다웅 잘 살고 있는 이유는 태양의 수명이 100억년 이상으로 넉넉하기 때문이고, 그다지 크지 않아 지구의 대기를 날려 버릴 만큼 강한 빛을 쏘지 않기 때문이다. 그러니 태양 블랙홀의 꿈을 가진 이들은 일찍 포기하기 바란다.

이지유의 이지 사이언스
01 지구: 빗방울은 뾰족 머리가 아니다

초판 1쇄 발행 • 2020년 3월 6일
초판 3쇄 발행 • 2021년 11월 22일

지은이 | 이지유
펴낸이 | 강일우
책임편집 | 이현선 김보은 김선아
조판 | 박지현
펴낸곳 | (주)창비
등록 | 1986년 8월 5일 제85호
주소 | 10881 경기도 파주시 회동길 184
전화 | 031-955-3333
팩시밀리 | 영업 031-955-3399 편집 031-955-3400
홈페이지 | www.changbi.com
전자우편 | ya@changbi.com

ⓒ 이지유 2020
ISBN 978-89-364-5917-8 44400
ISBN 978-89-364-5915-4 (세트)